COLLANA EPISTEME3

Rocco Vittorio Macrì

La realtà del tempo
e la ragnatela di Einstein

I passi falsi di un genio contro la *Time Reality*

© YCP - 2020

Titolo | La realtà del tempo e la ragnatela di Einstein (seconda edizione)
Sottotitolo | I passi falsi di un genio contro la *Time Reality*
Autore | Rocco Vittorio Macrì

ISBN | 978-88-31668-13-2

Youcanprint Self-Publishing
Via Roma, 73 – 73039 Tricase (LE) – Italy
www.youcanprint.it
info@youcanprint.it
Facebook: facebook.com/youcanprint.it
Twitter: twitter.com/youcanprintit

Due strade divergevano in un bosco, ed io …
Io presi quella meno battuta,
E questo ha fatto tutta la differenza
Robert Frost

Indice

Riconoscimenti

Questa nuova edizione viene data alle stampe in più lingue. Si tratta della feconda retroazione, motivata dal successo inaspettato della prima versione italiana. Il volume era, infatti, inizialmente "di nicchia", indirizzato alla classe degli esperti che avessero al contempo anche un background nel campo della raffinatezza filosofica. Ma lo sforzo di eliminare alla radice il simbolismo matematico appicciato sopra, ha dato frutti oltre ogni aspettativa: esso è stato premiato con la esternata soddisfazione di una comprensione non superficiale di un argomento difficile anche da parte dei non esperti.

Possiamo finalmente avere cognizione del feedback che lo stesso Einstein era curioso di conoscere quando si domandava «come la metterebbero in ridicolo i non fisici se potessero seguire il suo curioso sviluppo», parlando della nuova fisica allora emergente. Il verdetto che affiora, porta a ritenere che lo scienziato, per quanto intelligente, razionale ed esperto possa essere, necessiti del buon senso del profano: come si ricorderà, si trattava in fondo di un bambino che per primo arrivò alla verità esclamando «ma il Re è nudo!», laddove tutti i grandi erano, invece, succubi e sottomessi al pensiero dominante, all'*argumentum ad verecundiam* – come veniva marcato nella Scolastica – per citare la celeberrima fiaba *I vestiti nuovi dell'imperatore* di Hans Christian Andersen. Una buca nel terreno si riconosce più facilmente se non è coperta da arbusti e fogliame sparso, anche un bambino potrebbe denunciarne la presenza. In modo del tutto analogo, sarebbe facile riconoscere le potenziali buche disseminate all'interno della fisica contemporanea se non fossero occultate dal criptico oceano dei simboli matematici.

Sono estremamente illuminanti, sotto questo aspetto, le parole del matematico Umberto Bartocci, una delle menti più penetranti nel panorama internazionale, riportate in un lavoro sulla relatività speciale all'interno de *I fondamenti della Relatività*, Lecce 2016, a cura del presente autore: «Che certe teorie siano espresse nel linguaggio della matematica non vuol dire assolutamente nulla in ordine alla loro eventuale significatività, o al loro maggiore valore nei confronti di altre teorie che non hanno la stesse credenziali formali, dal momento che la matematica è come il cappello di un prestigiatore, da cui può uscire fuori qualsiasi cosa vi sia stata messa dentro prima. Chi è abile nel suo trattamento può utilizzarla per sostenere tesi di qualsiasi tipo, anche se naturalmente spesso attraverso contaminazioni occulte tra diversi livelli del discorso. Non c'è nulla di così assurdo che un buon matematico non sarebbe capace di descrivere... Una matematica che si trasforma, con grande dolore del presente autore che è un matematico di formazione, in una sorta di *latinorum* per diversi moderni don Abbondio, che la utilizzano come espediente retorico per giustificare mode culturali o ben di peggio, confondendo la testa alla gente ed allontanando gli intelletti più sensibili dalla scienza».

Rendere più fluida e scorrevole la lettura, anche da parte del non esperto, è stata pertanto vista come un imperativo nel pubblicare questa nuova versione riveduta e ampliata. Essa è stata arricchita dall'aggiunta di un'appendice, un lavoro apparso nel volume *Asimmetrie Antirelativistiche*, curato dallo scrivente, Lecce 2015, dal titolo *Simmetrie forzate e simmetrie infrante nella relatività speciale*, che ora trova la sua collocazione più appropriata come capitolo conclusivo dell'opera. Gli esempi evocati sono volutamente elementari, puerili, ridotti all'osso, irriducibili, che rasentano il "rozzo". Proprio come ci esorta a fare il noto epistemologo Paul Feyerabend, quando scrive che per sfuggire alla sofisticazione strumentale, occultante e tirannica del complesso linguaggio scientifico-matematico, occorre diventare rozzi e "bambini": «La metodologia è oggi così affollata di ragionamenti raffinati e vuoti che è estremamente difficile percepire i semplici errori alla base. È un po' come combattere l'idra: quando si riesce finalmente a mozzare una di quelle teste minacciose, essa viene sostituita da otto formalizzazioni. In questa situazione l'unica risposta è la superficialità: quando la complessità perde contenuto, l'unico modo di conservare il contatto con la realtà è di essere rozzi e superficiali, e tale io intendo essere».

Questa nuova edizione è poi impreziosita dalla Premessa del Dott. Ing. Antonio La Gioia, docente di Fisica Tecnica alla Facoltà di Ingegneria e alla Facoltà di Architettura della Sapienza, e depositario di brevetti internazionali relativi all'Ambiente e all'Energia (Turbine ad effetto Todeschini-Magnus-La Gioia), che ringrazio per la stima dimostrata e per i nostri lunghi e magici confronti intorno alle realtà filosofiche e umanistiche della Physis. Inoltre un grazie di cuore al fantastico Presidente del *Centro Internazionale di Psicobiofisica* Fiorenzo Zampieri, mente eclettica e profonda, per avermi sostenuto fortemente e avermi donato questa perla dal titolo *Abstract Concettuale dell'Opera*.

Ma in questa lunga lista di ringraziamenti il mio primo pensiero va al già citato prof. Umberto Bartocci, mio mentore e interlocutore interiore. Mente profonda e geniale, non sottomessa dalle convenzioni della maggioranza, percorrendo il sentiero della conoscenza come una sorta di "archeologo controcorrente" all'interno della storia del pensiero scientifico e dei fondamenti della fisica e della matematica – scavando fin sotto le radici – egli è riuscito a portare alla luce più di una verità nascosta. Sono tante le perle preziose e i frammenti ritenuti impossibili ritrovati in profondità, che egli è riuscito a far risalire in superficie. Frutto di una ricerca incessante che percorre l'arco di una vita intera.

Docente di Geometria e Storia delle Matematiche al Dipartimento di Matematica dell'Università di Perugia dal 1976 al 2005, dopo aver insegnato nelle Università di Roma e di Lecce, la carriera accademica del professore inizia con gli studi e le ricerche nel campo della geometria algebrica e della teoria dei numeri al Trinity College dell'Università di Cambridge come borsista del Consiglio Nazionale delle Ricerche (CNR). Nel 1969 diventa assistente, presso l'Università di Roma, di Beniamino Segre, presidente dell'Accademia Nazionale dei Lincei e titolare della cattedra di Istituzioni di geometria superiore.

Sarà in seguito consulente (referee) di diverse riviste matematiche e fisiche, come Physics Essays, Foundations of Physics, Apeiron ecc., e nel quinquennio 2000-2004 curerà la pubblicazione del giornale *Episteme*. Ingegno di grande acume matematico e scientifico e al contempo di potenti capacità filosofiche, capace di interloquire alla pari con i grandi matematici del passato, come Gauss, Lobachevsky, Bolyai, Riemann fino a porre in dubbio il valore delle geometrie non-euclidee (si veda, ad esempio, "Il quinto postulato di Euclide", in *Asimmetrie antirelativistiche*, op. cit.), Bartocci non ha rivali nel campo dei fondamenti. In campo prettamente matematico ha difeso la necessità di un ritorno a una "fondazione classica", basata sulle categorie mentali di spazio e tempo secondo l'impostazione trascendentale di Kant, contro il più comune e "comodo" approccio formalistico; così come le sue ricerche nella storia del pensiero scientifico e nei fondamenti della fisica e della matematica lo hanno portano ad un giudizio critico riguardo l'immagine del mondo fornita dalle attuali teorie fisiche: egli sostiene la necessità di un autentico pluralismo anche in campo scientifico.

Bartocci è stato il centro del vortice epistemico per un'intera generazione di scienziati e di studiosi che hanno trovato, sotto la sua apertura mentale e il suo entusiasmo, la via per entrare nello *stargate* del risveglio di una nuova immagine del mondo. Il suo gruppo di ricerca "Geometria e Fisica" – di cui chi scrive ha fatto parte – ha riflesso e rifranto una nuova world-view, come in un prisma epistemico pronto a colorare il mondo di nuove sfumature. È sotto la sua scuola di pensiero – nel senso platonico-aristotelico – in controtendenza, se abbiamo potuto alzare gli occhi al cielo e vedere, dietro la Via Lattea, nuovi orizzonti e nuove possibilità conoscitive. Il Dipartimento di matematica dell'Università di Perugia divenne – grazie al nostro professore – un polo di attrazione per il pensiero divergente, una nuova Atene del XX secolo. È in questo crocevia di scienziati indipendenti se chi scrive ha potuto arricchirsi dall'incontro e dallo scambio di idee con i cervelli più originali e sublimi del pianeta, come Stefan Marinov, Roberto Monti, Marco Mamone Capria, Franco Selleri, Giancarlo Cavalleri,

Fabio Cardone, Giuliano Preparata, Federico Di Trocchio, Ardeshir Mehta, Paul Marmet, J. Barretto Bastos Jr., Silvio Bergia, Emilio Del Giudice, Ludwig Kostro, W.A. Rodrigues, James Paul Wesley, George Galeczki, Al Kelly, André Assis, Francisco Müller, Patrick Cornille e numerosi altri studiosi contemporanei. Neanche il grande Niels Bohr, con la sua scuola di Copenaghen, avrebbe potuto vantare una così tale concentrazione di intelligenza divergente ed "esplosiva". Il mio debito intellettuale è poi doppio, perché ho avuto l'onore e la fortuna di condividere idee e opinioni in modo massiccio e continuativo col nostro matematico, fino ad elevarlo a mio interlocutore interiore in tutti i miei lavori scientifico-filosofici. Questo stesso volume non sarebbe mai venuto alla luce senza le lunghe riflessioni saturanti i lustri passati in un incessante confronto e scambio di idee con l'amico Umberto Bartocci. L'opera è a lui dedicata.

Ma la realizzazione di quest'opera è anche il frutto di riflessioni decennali, approfondimenti, passione febbrile e confronti con amici e conoscenti dotati di una potente indipendenza di pensiero che mi hanno seguito lungo questo viaggio durato una vita. Menti illuminate che io vorrei qui ringraziare, a partire da mio zio Giuseppe Prestia, due lauree e una decina di libri pubblicati, scrittore, filosofo, letterato, poeta e artista, lo "zio filosofo", come lo chiamo io. A lui va la mia riconoscenza per avermi instillato le prime "gocce di filosofia" nel latte materno, da quando ero ancora in fasce. Come potrei mai dimenticare le potenti lezioni di filosofia che mi furono elargite all'età di 10-12 anni? Era come essere posto a contatto con Platone (che mio zio incarnava in modo impareggiabile, per di più a pochi metri di distanza da quel mare "aureo" che lo stesso Platone toccò; quelle acque furono attraversate anche da Pitagora, Parmenide e Aristotele): quei tre massicci volumi di *Storia della filosofia* dell'Abbagnano furono spremuti pagina dopo pagina, con mille nostri commenti aggiuntivi e riflessioni interminabili.

Ma le riflessioni filosofiche furono intrecciate fin da subito con quelle scientifiche. E, qui, entrano in campo – in ordine alfabetico – i miei fraterni amici di infanzia Antonio Panetta (ingegnere elettrico e nucleare) e il figlio Fabio (ingegnere elettronico e fisico), Giuseppe Crimeni (architetto, mente creativa e profondissima) e suo fratello Riccardo (il "principe" dell'esperimento mentale), ai quali va la mia riconoscenza e gratitudine per le interminabili e indimenticabili ore passate insieme a sperimentare e costruire ogni sorta di accrocco chimico, fisico, elettronico, e a meditare, contemplare, elaborare miriadi di teorie fisiche e filosofiche alternative e originali. Solo per fare un piccolo esempio come un granello di sabbia rispetto al tutto: come potrei mai dimenticare la nostra prima radio realizzata – insieme ad Antonio – con un semplice condensatore variabile, una bobina e un diodo al germanio? Avevamo appena undici anni. E il nostro primo transistor, l'AC128 (insieme all'AC127) con il quale realizzammo il nostro primo flip-flop? E che dire dell'amato BC108 NPN al silicio? Quanti circuiti e assemblaggi... suggeriti di volta in volta dallo zio di Antonio, il venerabile Giovanni Panetta – maestro riconosciuto e insuperabile di elettronica – che, bussando alla sua porta nelle ore più disparate, vedevamo sempre attento e curvo sui circuiti di sua ideazione, con la punta fumante del saldatore in mano – o con i puntali del multimetro o dell'oscilloscopio – nonostante la sua veneranda età. Era, per noi, come interrogare un Mago o un Oracolo! Poi arrivò l'integrato 555 e i primi integrati operazionali... Era un'epoca d'oro la nostra, perché l'elettronica ebbe in quel periodo la sua più grande evoluzione: il primo balzo avvenne quando passammo dallo stadio delle valvole termoioniche ai transistor al germanio, col secondo passammo al silicio, col terzo arrivarono i circuiti integrati e col quarto ci trovammo davanti il microprocessore e tutta l'elettronica digitale! Tutto questo passò per le nostre mani! Avremmo potuto realizzare un libro intero sui nostri "amici" – i circuiti e dispositivi elettronici – simile a quello celeberrimo che Primo Levi scrisse sul Sistema Periodico degli elementi. E, a proposito di elementi, se tocchiamo il campo della chimica potremmo aprire una parentesi ancora più lunga. Avevamo, infatti, incominciato a maneggiare provette e alambicchi alla tenera età di sei anni, scambiando o barattando ripetutamente composti chimici, come quello rimasto indelebile nella nostra mente di alcuni granuli di cloruro di cobalto con qualche cristallo di permanganato di potassio. Queste passioni durarono a lungo, e le portammo poi con noi anche nel corso degli studi universitari presso l'Istituto di Chimica e il Politecnico di Torino.

Ma è mio dovere ringraziare anche le menti potenti, cristalline e incontaminate – giganti dell'indipendenza di pensiero – che mi hanno da sempre affascinato: gli amici Marco Rossi, Natale Loccisano, Stefano Bagnato; interloquire con loro è, ancora oggi, fonte di ispirazione elevata. La mia riconoscenza per avermi sempre sostenuto va, poi, al compianto Franco Selleri, docente di fisica teorica all'Università di Bari, riconosciuto in tutto il mondo come massimo esponente del realismo fisico e per essere stato il "figlio" prediletto di De Broglie. La sua partenza fu folgorante, così come quella del premio nobel francese appena nominato: da poco laureato, il mondo della fisica rimase sbigottito per la sua soluzione contenuta nella tesi di dottorato sugli urti anelastici protone-protone, che ben presto fu in grado di sviluppare nel modello di scambio di un solo pione. Un grande successo internazionale!

Mi è doveroso qui ringraziare anche il professor Marco Mamone Capria del Dipartimento di matematica dell'Università di Perugia, esperto di Relatività riconosciuto a livello internazionale, per i tanti e importanti momenti di riflessione, confronto e scambio di idee lungo gli ultimi decenni, così come non posso esimermi dal ringraziare il professor Fabio Cardone, uno dei più importanti fisici sperimentali italiani e vincitore del Premio Nazionale della Fisica Galileo Galilei, per il sostegno, l'amicizia e la grande apertura mentale dimostrata durante l'elaborazione dei nostri esperimenti mentali.

Un grazie sincero va poi all'amico filosofo Paolo Capitanucci, docente di Storia del pensiero scientifico, "il sommo custode del supremo logos", come lo chiamo io, per le pluridecennali profonde meditazioni fatte rimbalzare l'uno con l'altro sui fondamenti filosofici della scienza. Per le innumerevoli riflessioni sullo natura ultima dello spazio e del tempo il mio grazie va anche all'amico Renato Burri, ricercatore e direttore dell'*International No Profit Research Laboratories*

Associates e che, da oltre 40 anni, svolge attività di ricerca, studi e progettazione nei diversi ambiti delle discipline tecnico-scientifiche: elettronica, informatica, fisica, biofisica e modelli matematici predittivi; così come spazio e tempo furono sempre il nucleo centrale delle tematiche discusse con l'amico Claudio Cappelletti, ingegnere nucleare, che qui mi preme ringraziare anche per i numerosi confronti sui fondamenti della fisica. La mia riconoscenza va poi al professor Lino Conti, docente chiarissimo di Storia del pensiero scientifico presso la facoltà di filosofia dell'Università di Perugia, già relatore della mia tesi di laurea in filosofia, per essersi posto sempre in ascolto, sullo stesso piano, nei nostri scambi di vedute, che continuavano ad oltranza, anche all'interno di trasmissioni televisive dove il dibattito convergeva spesso su problematiche epistemologiche, relativistiche e storiografiche.

Fu proprio concentrandomi su un particolare "relativistico" in una di queste trasmissioni – tramite ripetuti e successivi replay sul mio Mac, e convogliando tutta la mia attenzione sul magistrale intervento di Conti relativo al "treno di Einstein", mirabile per chiarezza espositiva – che ritrovai nella mia mente, infine, il potente *insight* risolutivo del rebus einsteiniano sulla simultaneità che il lettore troverà in queste pagine, alla fine del capitolo XII. Come non esprimere, allora, la mia riconoscenza al carissimo Lino Conti? Allo stesso modo vorrei esprimere la mia gratitudine e ammirazione al suo collega Carlo Vinti, docente di Storia della filosofia moderna e contemporanea presso l'Università di Perugia, direttore del Dipartimento dal 2000 al 2013 e profondo studioso del pensiero epistemologico francese contemporaneo. Vinti mi fece conquistare dall'epistemologia francese. I suoi occhi limpidi, la sua purezza intellettuale e l'entusiasmo del "fanciullino", i suoi lavori sull'argomento scritti in modo ineguagliabile mi portarono a porre la massima attenzione alle menti vertiginose di Pierre Duhem, Gaston Bachelard, Henri Poincaré, Gaston Milhaud, Émile Meyerson, Édouard Le Roy, dove la Scienza e la Filosofia si intrecciano in modo inestricabile, come le due facce di un Giano Bifronte. Il lettore avvertirà questo "profumo francese" nei capitoli che seguiranno.

Infine, mi preme ringraziare gli amici che sono riusciti a toccare il tasto blu dell'ascensore della mia mente, come Alan e Joy Blakeslee, Barry Taubman e Antonio D'Addio ("il Poeta Cosmico", come lo chiamo io: mente celestiale), Angelo Gentile, Francesco Jeraci, Alessandro Palermo, Osvaldo Massetti, Franco Tasselli, Paolo Marini, Alessio Migliorati e il profondissimo Edmondo Zaroli, noto artista, musicologo e pittore perugino, compagno di viaggio nei voli pindarici della mente che cerca di contemplare il cosmo, consapevole, però, che la chiave per comprendere "il fuori" – l'*oggetto* – "sta dentro", nel *soggetto*. Sono anche riconoscente a sua figlia Maja per aver tradotto in inglese l'appendice del libro, poi perfezionata da Ardeshir Mehta. Un ringraziamento particolare va poi a Mariarita Trampetti per avermi fortemente incoraggiato e sostenuto durante la fase della prima stesura del progetto. Devo a lei la carica e la spinta – l'energia di attivazione – necessaria per "il decollo".

Ma, *last but not least*, un ringraziamento immenso devo darlo soprattutto al traduttore dell'opera in inglese (il cui contributo supera i confini della lingua inglese), che ha svolto un lavoro non solo di traduzione comunemente intesa, ma di grande cura del testo per non tradire – anzi, per maggiormente illuminare – la finezza filosofica, raccogliendo e trasponendo in modo armonico tutte le sfumature e sottigliezze del saggio. Un lavoro così raffinato poteva farlo solo Ardeshir Mehta, amico e compagno di interminabili flussi di pensiero intorno alla relatività e alle problematiche filosofiche più ampie, una delle menti più indipendenti del pianeta; autore di diversi libri e di un gran numero di articoli che trattano una vastissima gamma di argomenti, dal Teorema di Gödel al kibbutz israeliano, dagli antichi Zarathushtra e i Veda dell'India alle nanotecnologie e alla futurologia, dal procedimento diagonale di Cantor alla natura fondamentale della realtà, compresa, naturalmente, la Teoria della Relatività. Ardeshir ha già, nel suo stesso nome – inciso addirittura dall'indimenticabile politico, filosofo e avvocato indiano Mahatma Gandhi, amico intimo dei genitori – il senso della sua missione: la ricerca della verità. La figura di Gandhi fu basilare nella sua fanciullezza. In particolare, la filosofia del *satyāgraha* o "stretta aderenza alla verità" è stata fondamentale all'interno dell'educazione ricevuta e nel suo sviluppo come filosofo e come persona. Ardeshir lasciò l'India all'età di ventun anni per toccare i posti più interessanti d'Europa, in particolare l'Italia, dove visse per qualche anno. Subito dopo fece un lungo soggiorno in Israele, ben nove anni di studi e ricerche, e dopo qualche anno trascorso di nuovo in India si stabilì finalmente in Canada. Tutta questa esperienza accumulata gli valse una conoscenza approfondita di otto lingue che parla più o meno fluentemente e la comprensione non comune di ben altre dodici! A lui va la mia riconoscenza e gratitudine!

Premessa
di Antonio La Gioia

Più ci si immerge nella lettura dei *Riconoscimenti* e della *Introduzione* del libro di Rocco Vittorio Macrì "La realtà del tempo e la ragnatela di Einstein", e più ci si arricchisce e si diviene consapevoli delle tante considerazioni sociali e politiche, che emergono dal mondo della scuola. Quella del Liceo, quella dell'Università e quella dei Dottorandi.

Ed è bello sentire che in altre menti sono germinate le stesse esigenze e la stessa volontà di conoscenza, che ha animato la mia vita professionale e universitaria.

Nei Riconoscimenti e nella Introduzione e nel proseguimento del libro, il Lettore trova una tale quantità di collegamenti e approvazioni da parte di menti elevate che facilitano il lavoro di chi si accinge alla stesura di questa Premessa.

Basta anticipare che in tutti i Capitoli troveremo descritti i lavori di figure che hanno tracciato segnali di grande vigore scientifico.

I punti più ispirati che appagano il Lettore sono stigmatizzati quando si menzionano il Prof. Bartocci e il Prof. Feyerabend.

Forse si sente la mancanza, in un libro così impegnato, di un riferimento a Socrate per onorare la sua priorità nel suo netto distinguo tra conoscenza e sapienza.

E per ricordare, inoltre, il rispetto che emerge per l'Uomo e per la vita, nei suoi colloqui.

Nel proseguimento della lettura si comprende che il libro è un atto di coraggio da parte di un Uomo che ha vissuto tante vite, quante sono i personaggi che vengono citati (quasi 400).

L'Autore, si nota subito, non è stato contaminato dal mondo della competizione, come si comprende dalla sua foga di voler essere chiaro, profondo e mai banale.

Questo sforzo anima il suo periodare in cui razionalità ed entusiasmo si fondono in brillanti ed erudite giustificazioni, senza mai penalizzare le tesi contrarie analizzate.

La chiave di lettura del libro che volutamente rifugge dal mezzo matematico, risiede in una acuta osservazione di Bartocci che pone l'attenzione sulla "apparente erudizione matematica dietro l'involucro del formalismo scientifico".

E ancora, si ricorda il fermo monito di Feyerabend che ci dice che "l'unico modo di conservare il contatto con la realtà è di essere rozzi e superficiali".

Macrì nobilita questa consapevolezza, aprendo il suo sterminato bagaglio filosofico-scientifico alla vita reale con i suoi aspetti sociali e umanistici, avendo frugato nel mondo della conoscenza, guidato dalla intuizione e dal buon senso.

Aspirando alla semplicità.

A.L.G. - Università "La Sapienza" di Roma

Abstract Concettuale dell'Opera
di Fiorenzo Zampieri

Nessuno potrebbe scrivere un prologo a questo libro, tanta è la ricchezza racchiusa all'interno in termini di riflessioni profonde, intuizioni abissali, spunti geniali, dimostrazioni elenctiche, colpi di scena spiazzanti: chi sarebbe capace di seguire una tale ampiezza di studi e di finezze scientifico-filosofiche? Queste vengono esposte con uno stile che non dà requie al lettore. Citazioni, riferimenti, ragguagli e confronti sono infiniti. Questo sapere ha dimensioni inimmaginabili. E tutto ciò mi confonde.

È in punta di piedi, dunque, se oso sbirciare dietro il sipario della struttura dell'opera, focalizzando la mia attenzione verso le gemme più esterne che affiorano appena, a differenza delle tante nascoste e volutamente occultate. Sì, perché il nostro Autore sembra seguire Cartesio, quel gigante del pensiero nudo e della semplicità massima, nel suo procedere mascheratamente: *Larvatus prodeo*. Nelle sue *Cogitationes privatae*, il Filosofo scrive: «Come gli attori, perché il rossore della vergogna non appaia loro in volto, vestono la maschera, così anch'io sul punto di salire su questa scena mondana, di cui fin qui fui spettatore, avanzo mascherato». E, in quest'opera, di perle nascoste o velate ce ne sono molte. E siccome questa vuole prima di tutto essere un'indagine sulla natura del tempo, ecco spiegate le ragioni dell'Autore a porre all'apice della piramide il suo insight risolutivo intorno al problema cruciale della trattazione relativistica del tempo: la simultaneità.

Si tratta di rianalizzare l'esperimento mentale più importante della storia del pensiero scientifico: il cosiddetto "treno di Einstein". Esso – spiega Macrì – è a fondamento della Teoria della Relatività, in quanto fornisce l'ipotesi di partenza, il dogma sulla relativizzazione della simultaneità. Grazie a questa sorta di postulato, Einstein è diventato di fatto colui che ha toccato "l'intoccabile": il tempo! Qui la «rete epistemica» dell'Autore (un suo neologismo), che abbraccia lo scibile quasi senza confine della Fisica e della Filosofia, decifra e porta allo scoperto il dramma del nostro tempo. Ecco il suo pensiero, come appare in una lettera a me indirizzata non molto tempo fa, che qui mi pare opportuno inserire per dare al lettore un *abstract concettuale* dell'intero volume:

Il tempo. Scippato dalle mani dei filosofi e messo sotto il microscopio dello scienziato per essere analizzato, Einstein ha reso le realtà metafisiche semplicemente... fisiche! Il verdetto che ne scaturisce, afferma la fisica dopo la rivoluzione einsteiniana, è che ciò che è simultaneo per me può non essere simultaneo per te! Il «prima e il dopo» di Aristotele viene scisso e reso invertibile. L'idea unitaria di tempo, prima di Einstein sacra e venerata, viene adesso frantumata. Il tempo viene ontologicamente nullificato. Questo significa che millenni di certezze nate dal senso comune sono trascorsi senza che nessuno si accorgesse dell'inganno smascherato da Einstein. Eraclito era in errore, e con esso tutta la schiera di giganti del pensiero che hanno creduto all'evidenza del tempo. Il tempo sarebbe pura illusione.

La filosofia, di conseguenza, è rimasta scossa e ripiegata su se stessa. Essa, a partire da quel giorno per lei funesto – il 30 giugno del 1905 – si è trovata continuamente ridotta di spessore, come un pallone gonfiato che giorno dopo giorno è destinato a sgonfiarsi sempre più, un passatempo per chi non ha capacità matematiche. Alla Scienza e solo ad essa – scrive Stephen Hawking – spettano adesso quegli interrogativi che per secoli sono stati di pertinenza della filosofia, perché «la filosofia è morta», non avendo tenuto il passo degli sviluppi più recenti della fisica. E questo è accaduto perché Einstein ha mostrato il sentiero dove il tempo è ridotto a numero, fino a poter essere congelato in uno zero o, addirittura, facendolo scorrere all'indietro seguendo l'asse negativo delle ascisse. «Così – aggiunge Hawking – sono stati gli scienziati a raccogliere la fiaccola nella nostra ricerca della conoscenza».

Un nuovo Rinascimento dunque, dove l'artista e il filosofo lasciano il posto all'«homo mathematicus», usando i termini di Gaston Bachelard. Non ci troviamo forse in un'epoca dove lo scienziato ha la veste dell'autorità suprema strappata ad Aristotele? Non è la Scienza che oggi viene riverita, a dispetto della filosofia? E tutto questo ribaltamento è nato perché il nuovo «Maestro di color che sanno» – Albert Einstein – è riuscito a porre sotto il vetrino del suo microscopio il tempo! Addirittura a smascherare che il punto più fermo del nostro potere intuitivo, vale a dire l'assolutezza della simultaneità, è un bluff delle nostre coordinate mentali, del senso comune (comune all'intera umanità) che adesso si trova anch'esso a rotolare verso il popperiano Mondo 3, quello delle idee prima venerate e poi defunte. Cade così ogni antica certezza.

Già i matematici per primi avevano tentato di minare granitiche certezze. Non per niente il capolavoro di Morris Kline – noto storico della matematica – si intitola *Matematica: la perdita della certezza*. Ad esempio, la geometria euclidea, prodotto dello spirito squisitamente teoretico dei Greci, colonna portante di quell'*assoluto platonico* che doveva resistere alle mutevolezze del mondo sensibile, alla *doxa protagorea* e al *panta rei eracliteo*, nell'Ottocento veniva minata alle fondamenta: la *detronizzazione euclidea* veniva attuata da Riemann tramite il suo concetto di curvatura alle *varietà pluriestese*, concetto che seguiva la teoria delle superfici curve di Gauss e che "decentrava" copernicanamente *la geometria euclidea* come *una tra le tante* geometrie metriche possibili. Dopo due millenni di "glorioso legame all'assoluto", la geometria euclidea subiva la stessa sorte che aveva visto la Terra esiliata in periferia e l'uomo schiacciato verso l'ameba: la *perdita della certezza*, il *processo di relativizzazione del fondamento*, il decadimento da *substantia* ad *accidens*. Cedeva così quella *barriera iperuranica* che Platone aveva mirabilmente posto contro gli attacchi dei relativisti. In particolare, lo stesso *fondamento intuitivo* della geometria subirà, all'inizio del '900, un primo attacco dal matematico tedesco David Hilbert, il quale, introducendo una rigorosa prospettiva assiomatica che prescinde da ogni riferimento all'intuizione, arriverà all'abbattimento in blocco delle *verità intuitivamente evidenti* a favore di un formalismo estremo. Altri attacchi arriveranno, oltre allo sviluppo delle geometrie non-euclidee, dallo sviluppo dell'algebra astratta manipolante enti matematici con procedimenti puramente formali, evitando ogni interpretazione sulla natura di essi. L'abbattimento totale però avverrà con l'avvento della seconda rivoluzione scientifica, a partire dalla *teoria della relatività* di Einstein, che sigillerà in modo irreversibile la *perdita dell'intuizione e del senso comune*, lasciando il posto al puro operazionismo: «Pertanto, non solo la dottrina generale dell'intuizione intesa come fonte infallibile di conoscenza è un mito, ma [lo è] la nostra intuizione del tempo, [...] come lo è [...] la nostra intuizione dello spazio», deluciderà Karl Popper nel suo *Conoscenza oggettiva. Un punto di vista evoluzionistico*.

Ora, però, bisogna chiarire che questo punto della simultaneità relativa e non più assoluta, fondamento dell'intera teoria di Einstein, è a sua volta *totalmente nudo*, non impiastricciato con strutture matematiche, non è supportato dalla formula. Si tratta del pensiero purissimo di un Einstein meta-scienziato: un pensiero filosofico! Conseguentemente esso assume le sembianza di un tallone d'Achille per l'occhio del filosofo: qui, proprio sul fondamento primo della teoria, il filosofo può smascherare la potenziale buca logica e far cadere l'intero castello come una cascata ad effetto domino.

E sembra proprio questo l'intento dell'Autore della presente opera: guardando con una certa attenzione la seconda parte del XII capitolo, il lettore troverà la "bomba" piazzata proprio sotto l'impalcatura relativista. Ulteriori chiarimenti e specificazioni sono state aggiunte nella seconda lunga nota dell'Appendice. Il lettore, esperto o neofita, non potrà voltar le spalle e ignorare la potenza dell'argomentazione srotolata: essa assume i toni apodittici, e appare assolutamente invincibile! Ecco in azione la terrificante efficacia del FLOP – il *Falsificatore LOgico Potenziale* – concetto incisivo e rivoluzionario nato dalle riflessioni appassionate e pluridecennali dell'Autore.

Ma, come dicevamo, le perle nascoste in questo volume sono tante. È impossibile esplicitarle: sarebbero necessari tanti volumi quante sono le pagine del libro esaminato. Ci dobbiamo arrestare qui, confidando nell'occhio attento del lettore. Passo dopo passo si potranno rintracciare quei voli della mente capaci di esplorare tracciati originali.

Terminiamo questo nostro excursus con una nota di carattere storico e stilistico: sono commosso per lo stile di Macrì, capace di raccontare ciò che sa. Nessuno, dico nessuno, può dire di avere approfondito così tanti argomenti e con tanto acume. Nessuno può trovare parole adeguate per indicare il pathos, la tensione umana del dramma che lui ci sta raccontando.

Questo libro è il racconto della tensione umana di tante menti acute e penetranti che ci hanno lasciato dubbi, certezze, ricerche, semi di verità, delusioni, timori, errori. Questo è quello che avverto. Nella lettura mi sono fermato, più volte, commosso e stupito da tanta umanità e da tanto sapere.

F.Z. - Presidente del Centro Internazionale di Psicobiofisica

Introduzione

> «In generale la grandezza dell'ingegno non garantisce mai dall'assurdità delle opinioni abbracciate»
>
> Eulero, 1768

Si provi a pensare per un attimo alla cosa più incredibile che possa capitare nel campo della scienza, ossia al crollo delle teorie di Einstein. Non perché superate da altre più sofisticate – come ogni scienziato è disposto ad accettare al confine del suo credo se costretto con le spalle al muro, così come vorrebbe un Popper o un Lakatos – ma perché trattasi semplicemente di teorie sbagliate, teorie errate non solo dal punto di vista fisico ma anche da quello logico! Ecco allora il grido di vittoria di un Kuhn e di un Feyerabend che avevano messo in guardia nel Novecento la classe dei filosofi, scienziati e pensatori ritenendo che il successo di una teoria non è sinonimo di *verità* ma più umanamente di *persuasione*.

Ma, si obietterà, ciò non potrà mai accadere: le teorie di Einstein sono state accolte non da dieci, cento o mille scienziati, ma dall'intera comunità scientifica. Parliamo di milioni di cervelli sofisticatissimi che coprono cento anni di investigazione e l'intera superficie planetaria. Come può aver sbagliato la parte di umanità con addosso il camice bianco? Sarebbe qualcosa di unico e drammatico. Infatti non esiste un così alto numero di cervelli che abbia studiato e meditato qualunque altra teoria del passato come la Relatività. Basterebbe questo, senza aggiungere altro, per creare la più grande arma contro qualunque indizio di sforzo controcorrente, contro ogni tipologia di dissidenza o pensiero eretico.

Si noti che Copernico e Galileo hanno avuto un vantaggio estremamente più elevato nella loro epoca in confronto all'oppositore della Relatività dei nostri giorni. Qui parliamo di andare contro a *milioni* di specialisti e non a *migliaia* come è capitato ai due scienziati citati. E anche nel nostro caso esiste un «*ipse dixit*» come quello di Aristotele accusato da Galileo: non ci hanno forse insegnato a scuola e all'università che Einstein è l'autorità più indiscussa e intoccabile nel campo della fisica? E cosa dire del fatto che sembra funzionare alla perfezione?

La centralità nella fisica nucleare della famosa equazione $E=mc^2$ ad esempio, equazione che ha reso Einstein leggendario e che viene confermata quotidianamente in tutti i centri di sperimentazione particellare, dal Fermilab di Chicago al Cern di Ginevra, oltre che dai ben noti effetti delle Bombe sganciate su Hiroshima e Nagasaki, sembra garantire la veridicità delle congetture einsteiniane. L'amico Silvio Bergia, insigne professore di Relatività e Epistemologia e Storia della Fisica all'Università di Bologna, soleva far sentire a questo riguardo l'entità della sperimentazione relativistica in una frase lapidaria e "cruenta": «Un milione di conferme sperimentali all'anno»!

Non si dovrebbe, allora, restare intimoriti dalla mole, dalla precisione dei risultati, dalla raffinatezza della sperimentazione adottata? E non si dovrebbe, dunque, ammettere con il noto fisico Clifford Will che la Relatività è fuori discussione – «beyond a shadow of a doubt» – e con il premio nobel Wolfgang Pauli che «la cosiddetta relatività ristretta è oggi un capitolo chiuso»? E non dovremmo forse essere compatti con scienziati del calibro di Paul Davies e John Gribbin quando scrivono che «ci sono persone che credono che sia solo una teoria… ma sono in errore», che in realtà la Relatività – similmente alla teoria di Darwin – non è una teoria ma «è un fatto»? E con il grande Isaac Asimov non dovremmo ammettere che «nessun fisico che sia sano di mente potrebbe mai dubitare della validità della Relatività», cioè che in fondo dubitare della teoria di Einstein – come scrive Gribbin – sarebbe come credere che «la terra possa essere piatta» o meglio ancora, come scrive il fisico Tullio Regge, che «la probabilità che un dubbio su tale teoria possa essere accolto è la stessa che avrebbe un dubbio sul sistema copernicano»?

Anzi, e qui viene il bello, rigirando la frase appena citata di Regge si dovrebbe ammettere per onestà intellettuale che se un giorno, per assurdo, la Relatività dovesse crollare, allora sarebbe ragionevole dubitare persino della assolutezza della teoria copernicana! Quel giorno potrebbe essere l'inizio di una nuova rivoluzione scientifico-filosofica, all'interno della quale potrebbero nascere nuovi dubbi su gran parte delle teorie fisiche e matematiche che sono state "tronizzate" a Regine nella nostra epoca: dai numeri immaginari ai transfiniti di Cantor, dalle geometrie non euclidee agli iperspazi cronotopici, dalla meccanica quantistica all'elettrodinamica e cromodinamica, dalla cosmologia contemporanea alla teoria delle stringhe.

Chi mai allora potrebbe nuotare controcorrente e infrangere tutto questo? Oltre ad una potente indipendenza di pensiero dovrebbe misurarsi con l'establishment scientifico dell'ultimo secolo, e qualora dovesse raccogliere anche solo un minimo residuo di frutti sarebbe poi spacciato dalla collettività dei professori, i quali, con le parole di Benedetto Croce, «hanno definitivamente corredato il loro cervello come una casa nella quale si conti di passare comodamente tutto il resto della vita. Da ogni minimo accenno di dubbio vi diventano nemici velenosissimi, presi da una folle paura di dover ripensare il già pensato e doversi rimettere al lavoro. Per salvare dalla morte le loro idee preferiscono consacrarsi, essi, alla morte dell'intelletto».

Come sarebbe possibile, infatti, per un docente universitario entrare nella spirale del dubbio mettendo a rischio la propria carriera? Prendiamo a titolo di esempio paradigmatico la vicenda di Herbert Dingle, esperto riconosciuto di spettroscopia e professore di Storia e Filosofia della Scienza a Londra, il quale combatté fin dagli anni '50 un'epica battaglia contro più di un aspetto della teoria della relatività. La sua eredità è conservata in quel prezioso testo del '72 – *Science at the Crossroads* – che non finiremo mai di apprezzare, dove, tra critiche argute alla teoria di Einstein e descrizioni minuziose di comportamenti socio-accademici alquanto sleali della stessa collettività scientifica, racconta l'ostracismo di cui fu fatto oggetto quando si decise a rendere pubbliche le proprie obiezioni. «In particolare egli trovò che illustri fisici aventi posizioni di responsabilità nella comunità scientifica si rifiutarono di appoggiare la sua campagna di 'smascheramento' della relatività, pur ammettendo di non aver mai capito molto della teoria», scrive l'amico e docente di meccanica superiore Marco Mamone Capria, uno dei massimi esperti. Insomma, Dingle riuscì a far uscire allo scoperto le crepe di un pensiero basato su un'apparente erudizione scientifica dietro l'involucro del formalismo matematico, realizzando così la conferma che "il re è nudo".

Da qui il passo è breve per una reale comprensione del perché – è lo stesso Dingle ad alzare il tono – «gli studenti sono stati educati, consciamente o inconsciamente, a credere che criticare la relatività ristretta sia un sicuro segno di ignoranza, per non dire di stupidità, da parte del critico». «La difficoltà è una moneta che i sapienti usano, come i giocolieri di passamano, per non scoprire la vanità della loro arte, e con la quale l'umana stoltezza si lascia appagare facilmente» ebbe a scrivere Michel De Montaigne. E un paio di secoli più tardi David Hume sarebbe arrivato ad abbandonarsi al seguente sconforto: «I filosofi [scienziati] abbracciano spesso con piacere tutto quel che sembra essere un paradosso, e che è contrario alle nozioni più elementari e impregiudicate del genere umano, per mostrare quanto la loro scienza sia superiore alle concezioni della massa. D'altra parte, tutto ciò che, quando ci viene proposto, produce sorpresa e ammirazione, soddisfa così tanto la mente umana, che essa si sofferma al punto da non poter essere mai persuasa che un tal piacere sia completamente privo di fondamento. Da queste disposizioni, nei filosofi e nei loro discepoli, sorge quel loro senso di mutuo compiacimento, per cui quanto più i primi dispensano opinioni strane e inconcepibili, tanto più i secondi si affrettano a credervi». Parole di fuoco che conservano intatte il loro valore se applicate ai discepoli di Einstein e alla scienza contemporanea.

Eppure non sono mancati i pensatori intrepidi – scienziati e filosofi – che hanno tentato di nuotare controcorrente lanciando un guanto di sfida al demolitore dell'assoluto, al *"cronicida"* privo di scrupoli e opportunista, come ebbe a definirsi Einstein. E rimaniamo increduli e stupefatti per la dose di coraggio, l'eroismo e l'audacia che dettero ali al loro pensiero anticonformista liberato dal collare della logica del successo, capace di librarsi in volo scollato dal pensiero unico dominante.

Questi momenti da brivido vengono raccolti dal presente lavoro, rendendo vivo e attuale il volto filosofico di ogni dissidente. Esso interessa gli esperti del settore, ma anche ogni mente indagatrice della verità storica. Il lettore interessato alle idee fondamentali della fisica e della filosofia troverà qui soddisfazione. Così come troverà la radice ultima della nostra *Weltanschaaung* contemporanea. Infatti Einstein, nell'atto di aver "ucciso il tempo" rendendolo semplicisticamente una «ostinata illusione», non solo ha innescato una mina che ha rischiato di far saltare e «rovinare i cardini naturali del pensiero», come acutamente ha rilevato Jacques Maritain, ma addirittura ha messo a morte la stessa filosofia.

Lo scienziato contemporaneo, che si erge sulle macerie lasciate dal secolo einsteiniano, non ha alcun timore di essere squallidamente analfabeta in campo filosofico, e perfino può esclamare con le parole di Stephen Hawking: «Per secoli questi interrogativi sono stati di pertinenza della filosofia, MA LA FILOSOFIA È MORTA, non avendo tenuto il passo degli sviluppi più recenti della scienza, e in particolare della fisica. Così sono stati gli scienziati a raccogliere la fiaccola nella nostra ricerca della conoscenza». Ecco come siamo messi oggi, ecco la nostra *immagine del mondo*. Il cui nocciolo sta proprio in questa frattura tra scienza e filosofia. Ecco come la filosofia spicciola dei fisici del nostro tempo si aggroviglia intorno a "LA FINE DEL TEMPO".

Ormai si assiste ad una catena senza fine di scienziati che cercano di aprirci gli occhi urlando, con le parole dell'esperto di turno della teoria del tempo Julian Barbour, "attenti", «il tempo finisce»! Infatti, «l'unione di relatività generale e meccanica quantistica potrebbe ben portare alla *fine del tempo*... Il tempo non esiste»! E in questo balbettio esiste un accordo perfetto nell'indicare l'eredità di Einstein come «Un mondo senza tempo» (Yourgrau).

C'è da sperare che prima o poi si possa assistere ad una riconversione di marcia, di qualche figura elitaria non completamente deprivata dalle basi filosofiche che possa lanciare un grido di allarme. Un segnale debole ma nitido si è elevato ultimamente dal fisico teorico statunitense Lee Smolin: «Il punto importante è che oggi non credo più che il tempo sia irreale. Di fatto, sono passato a nutrire la concezione opposta: non solo il tempo è reale, ma nulla di ciò che sappiamo e di cui facciamo esperienza si avvicina al cuore della natura più della realtà del tempo». È solo l'inizio, la nostra speranza è che una classe numerosa di cervelli conquisti e restituisca alla visione del mondo sempre più il "tempo perduto".

I

IL GRANDE CATACLISMA DELLA RELATIVITÀ

È passato poco più di un secolo dalla nascita della teoria della relatività: il 30 giugno del 1905, la rivista tedesca *Annalen der Physik* ricevette il manoscritto *Sull'elettrodinamica dei corpi in movimento* di un impiegato dell'Ufficio Brevetti di Berna, il ventiseienne Albert Einstein (1879-1955); un articolo così "esplosivo" che avrebbe innescato "la rivoluzione" – la *seconda rivoluzione scientifica*, come si sarebbe rinominata con gli occhi del poi nel confronto con *la prima* di Copernico-Galileo-Newton – facendolo diventare l'autorità per eccellenza, come egli stesso ebbe a dire: «Per punirmi del mio disprezzo nei confronti dell'autorità, il Fato fece un'autorità di me stesso»[1].

Il pensiero filosofico moderno, con la voce dell'epistemologo Gaston Bachelard, ha indicato nella figura di Einstein l'artefice della metamorfosi moderna. Egli infatti, avendo posto «la matematica al centro dell'esperienza», con l'introduzione della visione elastica dello spazio e del tempo è diventato pietra angolare del più grande cataclisma intellettuale della storia del pensiero scientifico. Nel suo continuo detonare e detronizzare, la *rivoluzione einsteiniana* attivò una serie di «choc epistemologici» nel cuore stesso della comunità scientifica, che – scrive ancora Bachelard nel 1934 – avrebbero obbligato lo scienziato a rimettere tutto in discussione: «Il fisico è stato costretto tre o quattro volte da vent'anni a questa parte a ricostruire la propria ragione, e, intellettualmente parlando, a rifarsi una vita»[2], fino al punto di mettere all'indice le stesse categorie di pensiero che avevano resistito e brillato per più di due millenni. L'unica possibilità di accesso alle nuove conquiste relativistico-quantistiche – riconosce Abraham Pais – è quella data da Einstein: «la stessa logica classica deve essere modificata»[3].

Sulle macerie del pensiero classico aleggia, dunque, la figura di quello che è stato battezzato «il maggior filosofo del Ventesimo secolo»[4], diventata oramai leggenda, che incarna e personifica la rottura col passato, l'*autorità* che ha cambiato per sempre la nostra *immagine del mondo*, dove la fisica padroneggia, pone confini e detta legge all'interno della sfera filosofica. I cento anni che separano il pensiero scientifico-filosofico classico da quello scaturito dalla *seconda rivoluzione scientifica* hanno scosso i pilastri della stessa gnoseologia: i concetti di *spazio, tempo, simultaneità, cosmo, esistenza...* avrebbero affrontato una fatale rielaborazione, «un rivolgimento senza precedenti»[5], tallonando la cosiddetta *crisi dei fondamenti* della matematica. Gli stessi *principi primi* aristotelici riceveranno un tentativo di attacco inaudito e temerario; «mediante la meccanica quantistica viene stabilita definitivamente la non validità del principio di causalità» sentenzierà Heisenberg[6], discepolo del Maestro. Nasce la *logica quantistica*. La *fisica*, per la prima volta, "ridisegna" la *filosofia...*

Vedremo più avanti come scienziati e pensatori tenteranno una forzata ed illecita estensione semantica di tale verdetto, estrapolando e sconfinando oltre ogni limite[7], e omologandosi alla filosofia di Einstein: «Hume vide chiaramente che alcuni concetti, come ad esempio quello di causalità, non si possono dedurre con metodi logici dai dati dell'esperienza. Kant, essendo fermamente convinto che certi concetti fossero indispensabili, e che fossero proprio quelli che si erano dimostrati tali nella pratica, li interpretò come le necessarie premesse di ogni tipo di speculazione, e li distinse dai concetti di origine empirica. Io sono convinto, invece, che questa distinzione sia erronea... Tutti i concetti, anche quelli più vicini all'esperienza, sono dal punto di vista logico convenzioni liberamente scelte, come appunto nel caso del concetto di causalità da cui ebbe origine quest'ordine di problemi»[8].

D'altra parte, sono oramai celeberrime le dichiarazioni di Einstein contro l'indeterminismo quantistico che fa riferimento alla cosiddetta "Scuola di Copenhagen", tali però da far fuorviare e collocare, in una semplicistica opposizione, il suo pensiero con quello di Heisenberg e di Bohr. Se però non ci si accontenta di questo primo livello di analisi, la stessa Meccanica Quantistica – come approfondiremo più avanti nel nostro lavoro – può essere vista come una conseguenza estrema, una *ipostasi* del tracciato epistemico della teoria di Einstein. Non abbiamo fatto altro – avrebbe rilevato lo stesso Born, uno degli artefici della *meccanica delle matrici* – che «avere fedelmente proseguito sulla via che egli [Einstein] ci aveva indicato nei suoi giorni migliori»[9]. È stato «Einstein – confermerà Gamow – ad abbandonare le vecchie idee di "senso comune" sul computo del tempo, la misura della distanza e la meccanica, ... [arrivando] alla riformulazione della "insensata" Teoria della Relatività. [...] Heisenberg ne dedusse che la stessa situazione esistesse nel campo della Teoria dei Quanti»[10]. Quando nella primavera del 1926 Einstein chiese ad Heisenberg «i motivi che l'hanno spinto ad abbracciare questa bizzarra posizione» riguardo la collocazione verificazionista della teoria dei quanti, questi rispose: «Ma... così ha fatto anche lei con la teoria della relatività... Lei stesso ha affermato che non ha senso parlare di tempo assoluto proprio perché il tempo assoluto non è osservabile; lei stesso ha detto che solo il tempo indicato dall'orologio, misurato in un sistema sia in moto sia in quiete, ha valore per la determinazione del tempo»[11]. Vano fu il tentativo dello stesso Einstein, durato una vita intera, di rimediare al proprio errore epistemologico riversato nella meccanica quantistica, come il suo amico Paul Ehrenfest gli fece capire: «Einstein, mi vergogno di te: stai attaccando la nuova teoria dei quanti esattamente nello stesso modo in cui i tuoi avversari attaccano la teoria della relatività»[12].

Si comprende bene pertanto come tale deflagrazione epistemologica abbia potuto attrarre l'interesse di intere classi di pensatori, filosofi e scienziati: dagli storici del pensiero scientifico a quelli del pensiero filosofico, dai sociologi della scienza agli epistemologi. Ingegneri, astronomi, astrofisici, cosmologi, fisici delle particelle, fisici teorici e sperimentali... Non si contano poi le branche filosofiche "contagiate", fino ad arrivare alla logica, all'intelligenza artificiale e all'antropologia[13].

D'altra parte per il filosofo diventa degno di attenzione il resoconto relativistico che attraversa Bruno, Galileo, Cartesio, Huygens, Newton, Leibniz, Berkeley, Kant, Mach, Poincaré, fino a trovare il punto omega in Einstein[14]. E poi c'è la questione ancor più scottante sull'essenza del tempo. La nuova *weltanschauung* post-relativistica, come acutamente ha rilevato Jacques Maritain, non solo minaccia di «rovinare i cardini naturali del pensiero», ma addirittura ha travalicato il confine della scienza ed ha "allagato" quello della pura speculazione filosofica, toccando finanche i contorni della stessa metafisica[15].

Bisogna prendere sul serio, dunque, la dichiarazione di Hans Reichenbach, quando sottolinea l'«errore» che ne deriverebbe nel «credere che la teoria di Einstein non sia una teoria filosofica»[16] : «La teoria della relatività di Einstein ha dato una forte scossa ai fondamenti filosofici della conoscenza. Non serve a niente negare ciò o comportarsi come se questa teoria fisica modificasse solo delle concezioni fisiche, e le verità filosofiche, da essa non scalfite, potessero continuare ad ergersi maestosamente alle antiche altezze»[17].

L'"occhio del filosofo" non è soltanto giustificato, di conseguenza, a prendere posizione di fronte al nuovo e inaudito quadro epistemologico che si è venuto a creare, ma viene pressato dalla sua stessa coscienza verso l'estremo tentativo di salvare e tutelare quel plurimillenario logos filosofico che rischia di crollare dinnanzi alla sismicità di massima magnitudo delle nuove teorie.

Note

1   B. Hoffmann e H. Dukas, *Albert Einstein, creatore e ribelle*, Milano 2002, p. 30.

2   G. Bachelard, *Il nuovo spirito scientifico*, Roma-Bari 1978, p. 156.

3   A. Pais, *Il danese tranquillo. Niels Bohr, un fisico e il suo tempo*, 1885-1962, Torino 1993, p.75.

4   E. Bellone, *Il maggior filosofo del Ventesimo secolo*, «Le Scienze», n. 435, Novembre 2004, p. 5.

5   Ibidem.

6   W. Heisenberg, *Il contenuto intuitivo della cinematica e della meccanica nella teoria quantistica*, in S. Boffi (a cura di), *De Broglie – Schrödinger – Heisenberg, Onde e particelle in armonia. Alle sorgenti della meccanica quantistica*, Milano 1991, p 181.

7   Cfr. V. Possenti, *L'alleanza fra Mosè e Socrate, e il fallibilismo*, in V. Possenti (a cura di), *Ragione e verità*, Roma 2005, p. 8.

8   A. Einstein, *Autobiografia scientifica*, Torino 1979, pp. 14-15; o, anche, p. 66 delle *Opere scelte* di Albert Einstein, a cura di E. Bellone, Torino 1988.

9   F. Selleri, *La fisica del novecento. Per un bilancio critico*, Bari 1999, p. 94.

10 G. Gamow, *Trent'anni che sconvolsero la fisica*, Bologna 1966, p. 108.

11 W. Heisenberg, *Fisica e oltre*, Torino 1984, p. 73.

12 Ivi, p. 91.

13 Cfr., ad esempio, R. Penrose, *Ombre della mente*, Milano 1996; e anche, dello stesso autore, *La mente nuova dell'imperatore. La mente, i computer e le leggi della fisica*, Firenze 1998. In particolare per l'aspetto antropologico e "teologico" rimane esplicativo F.J. Tipler, *La fisica dell'immortalità*, Milano 1997.

14 Un approfondimento si trova in R. V. Macrì, *I FLOP nella trattazione relativistica del tempo*, in F. Selleri (a cura di), *La natura del tempo*, Bari 2002.

15 R. V. Macrì, *La detronizzazione della metafisica secondo Maritain e il nichilismo contemporaneo*, «Sapienza», LV, 4, 2002.

16 H. Reichenbach, *Il significato filosofico della teoria della relatività*, 1949, in P.A. Schilpp (a cura di), *Albert Einstein, scienziato e filosofo*, Torino 1958, p. 238.

17 H. Reichenbach, *Relatività e conoscenza a priori*, Bari 1984, p. 59.

II

La genesi della Relatività

«Se un uomo che si trovasse su di una nave in mezzo al corso di un fiume non sapesse che l'acqua scorre e non vedesse le due rive, come saprebbe che la nave si muove?»[1]. Così Niccolò da Cusa, eminente pensatore rinascimentale e precursore ideale di Copernico e Galilei, faceva sua la sottile domanda di Seneca: «Se Dio fa muovere intorno a noi tutto l'Universo, o muove noi». Il problema della relatività del moto era conosciuto fin dai presocratici[2], ma è soltanto all'alba dell'età moderna che la tematica si infiammerà, acquisendo i contorni di *experimentum crucis*. Prendendo le mosse dall'esempio della «nave che corre» del Bruno, «dalla [cui] considerazione… s'apre la porta a molti ed importantissimi secreti di natura e profonda filosofia»[3] e arricchendolo di una gamma di particolari, Galileo presenterà l'applicazione del principio della composizione dei moti grazie alla sua celeberrima e ormai classica esperienza del «gran navilio», arrivando così a quello che oggi viene comunemente denominato *principio di relatività galileiano*.

La nave «diviene ora sede di esperimenti per dimostrare che un osservatore che non abbia relazione con l'esterno, non ha nessuna possibilità di accorgersi se, rispetto ad altro osservatore, si muova o no di moto uniforme rettilineo»[4]:

Riserratevi con qualche amico nella maggiore stanza che sia sotto coverta di alcun gran navilio, e quivi fate d'aver mosche, farfalle e simili animaletti volanti; siavi anco un gran vaso d'acqua, e dentrovi de' pescetti; sospendasi anco in alto qualche secchiello, che a goccia a goccia vadia versando dell'acqua in un altro vaso di angusta bocca, che sia posto a basso: e stando ferma la nave, osservate diligentemente come quelli animaletti volanti con pari velocità vanno verso tutte le parti della stanza; i pesci si vedranno andar notando indifferentemente per tutti i versi; le stille cadenti entreranno tutte nel vaso sottoposto; e voi, gettando all'amico alcuna cosa, non più gagliardamente la dovrete gettare verso quella parte che verso questa, quando le lontananze sieno eguali; e saltando voi, come si dice, a piè giunti, eguali spazii passerete verso tutte le parti. Osservate che avrete diligentemente tutte queste cose, benché niun dubbio ci sia che mentre il vassello sta fermo non debbano succeder così, fate muover la nave con quanta si voglia velocità; ché (pur che il moto sia uniforme e non fluttuante in qua e in là) voi non riconoscerete una minima mutazione in tutti li nominati effetti, né da alcuno di quelli potrete comprender se la nave cammina o pure sta ferma: [...] le gocciole cadranno come prima nel vaso inferiore, senza caderne pur una verso poppa, benché, mentre la goccia è per aria, la nave scorra molti palmi...[5]

Scrive Giovanni Polvani: «Il *Dialogo sopra i due massimi sistemi* fu pubblicato l'anno 1632. A quell'anno si può ascrivere la Relatività galileiana»[6]. Come risulta evidente dal passo galileiano appena citato, la caratteristica saliente del *principio di relatività* è che la classe delle esperienze meccaniche sottoposte ad un transitorio impulso o accelerazione, nella nuova situazione inerziale "post-accelerazione" non marcheranno la benché minima differenza rispetto alla condizione inerziale precedente l'impulso: «Le gocciole – garantisce Galileo – cadranno come prima nel vaso inferiore, senza caderne pur una verso poppa, benché, mentre la goccia è per aria, la nave scorra molti palmi».

Ne consegue, come corollario a quanto appena affermato, che «uno stato di moto uniforme è indistinguibile da uno stato di quiete»[7] e che, quindi, *«chiunque possegga un movimento uniforme* (inerziale) *rispetto a qualcun altro a riposo è autorizzato a considerare se stesso in uno stato di quiete e l'altro in uno stato di moto uniforme»*[8]. Da qui il nome e il senso di "relatività del moto" e di *principio di "relatività"*[9]: «La 'relatività' entra nel fatto che affermare l'equivalenza di tutti i sistemi inerziali dal punto di vista della validità delle leggi fisiche ha la conseguenza che di due sistemi inerziali non ha senso fisico chiedersi quale dei due sia 'veramente' in moto e quale in quiete: del moto si può cioè parlare solo in termini relativi»[10]. Non possiamo più affermare "questo è fermo" senza specificare rispetto a che cosa: «Quando asseriamo che qualcosa è a riposo dobbiamo anche specificare relativamente a quale degli innumerevoli, egualmente idonei, laboratori in moto uniforme si trovi a riposo»[11].

Si può comprendere, a questo punto, la profonda e straordinaria meditazione di Cartesio sui fondamenti della fisica a partire dalla fenomenologia del moto. Titola il ventiseiesimo paragrafo dei suoi *Principia*: «Che non è richiesta maggiore azione pel movimento che pel riposo»[12], rimarcando la sua grandiosa sintesi cosmica introdotta nel suo *Le Monde ou Traité de la Lumière* iniziata nel 1630 (precedendo quindi Galileo) e terminata già nel '33 integrata da *L'Homme*[13]. Nel capitolo settimo del suo *Mondo*, Cartesio traccia le leggi che stanno alla base della dinamica, arrivando per primo al nucleo fondamentale della fisica: la *conservazione della quantità di moto*. La sua «prima regola», la legge d'inerzia («che ogni parte della materia in particolare persiste nel medesimo stato finché l'urto delle altre non costringe a mutarlo»[14] insieme al fatto «che quando un corpo si muove... le sue parti, singolarmente prese, tendono sempre a continuare il loro in linea retta»[15]) può essere vista come corollario della sua «seconda regola», la conservazione della quantità di moto («quando un corpo ne spinge un altro, non possa comunicargli alcun movimento senza perderne contemporaneamente altrettanto del proprio; né sottrarglielo senza aumentare il proprio della stessa misura. [...] Essa c'insegna che, quando un corpo ne urta un altro, il movimento del primo non viene rallentato in proporzione della resistenza del secondo, ma nella misura in cui il secondo cede: il secondo, nel cedergli, accoglie in sé la forza di muoversi che l'altro perde»[16]).

In questo modo, spiega Cartesio, «questa regola, unita alla precedente, si accorda benissimo con tutte le esperienze in cui vediamo cominciare o cessare il movimento di un corpo perché un altro corpo lo spinge o lo ferma. Infatti, per la regola precedente, siamo liberi dall'imbarazzo in cui si trovano i dotti quando vogliono dar ragione del fatto che un sasso continua a muoversi per qualche tempo dopo essere uscito dalla mano che lo ha scagliato: ci si dovrebbe chiedere piuttosto perché non continua a muoversi sempre»[17]. Si noti che qui sta la vera base di tutta la fisica e che Cartesio supera cronologicamente non solo Newton (il quale, per sua stessa ammissione, si "cibò" degli insegnamenti cartesiani nell'arco dell'intera sua giovinezza[18]) ma anche Galileo (cfr. l'*introduzione* del III capitolo di A. Koyré, *Etudes galiléennes*, Paris 1966). Nella sua mente la relatività del moto era un concetto intrinsecamente partorito dal concetto di conservazione della quantità di moto («Con il principio della conservazione della quantità di moto Cartesio ha ora guadagnato la base teorica di tutta la sua fisica», scrive Ernst Cassirer[19]). In questo senso può formulare una critica ai pensatori precedenti, i quali – scrive Descartes – «al meno rilevante dei movimenti attribuiscono un essere molto più saldo e più vero che non alla quiete: questa, a quel che dicono, è solo privazione di movimento. Io invece concepisco la quiete come una qualità da attribuirsi alla materia... proprio come il movimento»[20]. Il concetto stesso di "quiete" o di "punto immobile" si libera dall'illusoria possibilità di poterlo reperire nell'universo, se non nelle stesse "coordinate del pensiero", come asserisce magistralmente nei suoi *Principia* (II, 13): «Si tendem cogitemus nulla ejusmodi puncta vere immota in universo reperiri... inde concludimus nullum esse permanentem ullius rei locum nisi quatenus a cogitatione nostra determinatur».

Ricapitolando, con le parole di Robert Resnick: «*Nessun esperimento meccanico eseguito interamente in un solo riferimento inerziale può dire all'osservatore qual è il moto di quel riferimento rispetto a un qualsiasi altro riferimento inerziale.* Il giocatore di biliardo in un vagone chiuso di un treno che si muove uniformemente lungo un tratto rettilineo non può dedurre dal comportamento delle palle quale sia il moto del treno rispetto alla terra. Il giocatore di tennis in un campo chiuso posto su un transatlantico in movimento con velocità uniforme (in un mare calmo) non può dedurre dal suo gioco quale sia il moto della nave rispetto all'acqua. Indipendentemente da quale possa essere il moto relativo (forse inesistente), finché esso rimane costante, i risultati saranno identici»[21].

Note

1   NICOLA CUSANO, *La dotta ignoranza*, Roma 1998, p. 149.

2   Giordano Bruno, ne *La cena de le ceneri*, indica come l'argomentazione sia stata «detta, insegnata e confirmata», oltre che dallo stesso Cusano, anche dal «Copernico, Niceta Siracusano Pitagorico, Filolao, Eraclide di Ponto, Ecfanto Pitagorico, Platone nel *Timeo*» (GIORDANO BRUNO, *La cena de le ceneri*, Milano 1995, p. 54). A questa lista bisogna aggiungere, tra i tanti, Buridano e Oresme (J.B. BARBOUR, *Absolute or Relative Motion?*, vol. I, *The Discovery of Dynamics*, Cambridge 1989, pp. 203 sgg.), e, naturalmente, Cartesio: «The very notion of laws of motion was first clearly formulated by Descartes in Chap. 7 of *The World* [...] espressed for the first time in a form recognizably similar to the one it still has» (Ivi, p. 427).

3   GIORDANO BRUNO, *La cena de le ceneri*, Milano 1995, p. 73.

4   G. POLVANI, *Il moto della Terra, filo storico della Relatività*, in M. PANTALEO (a cura di), *Cinquant'anni di relatività (1905-1955)*, Firenze 1955, p. 14.

5   GALILEO GALILEI, *Dialogo sopra i due massimi sistemi del mondo*, Torino 1970, p. 227. O, anche, pp. 212-213 dell'*Edizione Nazionale*.

6   G. POLVANI, *Il moto della Terra, filo storico della Relatività*, op. cit., p. 15.

7   N.D. MERMIN, *Space and Time in Special Relativity*, New York 1968, p. 5.

8   «Anybody moving uniformly with respect to somebody at rest is entitled to consider himself to be at rest and the other person to be moving uniformly» (N.D. MERMIN, *Space and Time in Special Relativity*, op. cit., p. 5).

9   Per completezza ecco qui di seguito le altre 3 formulazioni equivalenti per il *principio di relatività* (da applicare per il momento al puro universo della meccanica): 1ª «È impossibile stabilire, tramite qualunque esperimento, se ci si trova in quiete o in moto uniforme»; 2ª «Se due esperimenti sono eseguiti sotto condizioni identiche, tranne che uno dei due è fatto in un laboratorio a riposo e l'altro in un laboratorio in moto uniforme, entrambi gli esperimenti condurranno esattamente alla stessa conclusione»; 3ª «Le leggi della natura sono le stesse, sia in un laboratorio a riposo, sia in un laboratorio in moto uniforme» (ivi, p. 4).

10 M. MAMONE CAPRIA, *La crisi delle concezioni ordinarie di spazio e di tempo: la teoria della relatività*, in M. MAMONE CAPRIA (a cura di), *La costruzione dell'immagine scientifica del mondo*, Napoli 1999, p. 269. Il prof. Marco Mamone Capria, docente di Meccanica Superiore presso il Dipartimento di Matematica dell'Università di Perugia e degno successore nella cattedra del compianto Giuseppe Arcidiacono – premiato nel '58 dall'Accademia Naz. dei Lincei per le sue ricerche sulla relatività avanzata ereditata dal suo maestro Fantappié – rimane una figura di prim'ordine riguardo la fisica rela-

tivistica e le sue componenti storico-filosofiche. Il presente autore desidera ringraziarlo per i numerosi confronti, scambi e approfondimenti sul pensiero einsteiniano nell'arco dell'ultimo ventennio.

11 N.D. MERMIN, *op. cit.*, p. 5.

12 CARTESIO, *I principii della filosofia*, in *Opere filosofiche*, vol. terzo, Roma-Bari 1995, p. 83.

13 Alcuni spunti di tale sintesi si possono trovare in R. V. MACRÌ, *La fisica unifenomenica cartesiana e il punto debole dell'IA forte*, «Episteme», 4, 2001; in particolare, per quanto riguarda la prospettiva futuribile della via cartesiana è da considerarsi di fondamentale importanza il lavoro dello scienziato bergamasco Marco Todeschini, soprattutto la sua monumentale opera del 1949 - *La teoria delle apparenze*, Bergamo - e il successivo lavoro divulgativo del '78 - *Psicobiofisica*, Torino - dove è nuclearizzata la fisica, e la metafisica, cartesiana in termini contemporanei; per un resoconto dei lavori todeschiniani si veda U. BARTOCCI - R. V. MACRÌ, *Le interpretazioni intuitive della Fisica tra metafora dello spazio pieno e metafora dello spazio vuoto: un ricordo di Marco Todeschini*, Atti Conv. Internaz. "Cartesio e la scienza", Perugia 4-7 sett. 1996.

14 CARTESIO, *Il Mondo o Trattato della luce*, in *Opere filosofiche*, vol. primo, Roma-Bari 1995, p. 148.

15 Ivi, p. 151.

16 Ivi, pp. 149-150.

17 Ibidem.

18 Cfr. «Newton and Descartes» in A. KOYRÉ, *Newtonian studies*, London 1965, pp. 53 ss; cfr. anche J. HERIVEL, *The background to Newton's "Principia"*, Oxford 1965, p. 141, dove è contenuta un'interessante dimostrazione di come la prima formulazione del principio d'inerzia da parte di Newton ricalchi il "motivo" e la "metrica" cartesiani.

19 E. CASSIRER, *Cartesio e Leibniz*, Roma-Bari 1986, p. 22.

20 CARTESIO, *Il Mondo o Trattato della luce*, op. cit., p. 149.

21 R. RESNICK, *Introduzione alla relatività ristretta*, Milano 1979, pp. 12-3.

III

Moto Epistemicamente Determinato (MED) e Indeterminato (MEI)

La nuova meccanica tracciata da Galileo rimane in bilico circa la causa della relatività del moto: essa può affiancarsi ad una *relatività epistemologica* come quella di Newton, dove esiste uno spazio assoluto ed è per umana impotenza – a livello gnoseologico – che si è impediti verso una conoscenza assoluta del moto; oppure, indiscriminatamente, può appaiarsi ad una *relatività ontologica* come quella di Leibniz, dove spazio e tempo sono relazionali/relativi e non ha alcun senso parlare di moto assoluto.

Ambedue però approdano ad una struttura fisico-filosofica rivoluzionaria – come nucleo minimo fondamentale – che potremmo designare come *Moto Epistemicamente Indeterminato* (MEI), in antitesi rispetto a quello che sarebbe appropriato indicare come *Moto Epistemicamente Determinato* (MED) della fisica aristotelica. Quest'ultima infatti si sarebbe dovuta arrestare dinnanzi alla «convinzione che non fosse possibile attribuire ai termini "quiete" e "moto" il significato assoluto di conservare o perdere un particolare luogo dello spazio»[1]. Commenta con enfasi Dijksterhuis: «Per la prima volta da quando era cominciato l'assalto contro il sistema aristotelico, veniva presentato un sistema per l'interpretazione della natura che eguagliava per universalità il sistema di Aristotele»[2].

«In ciò sta la differenza essenziale – osserva Koyré – il primo mobile non ha il compito di mantenere il movimento. Il movimento si mantiene e si conserva da solo, senza "motore", il che, come ben sappiamo, è completamente contrario all'ontologia aristotelica»[3].

Il concetto di moto assume un'importanza cruciale nel galileiano "dirottamento" della fisica aristotelica, come lo stesso Galileo ebbe a scrivere nel suo *Discorso*: «Diamo avvio a una *nuovissima scienza* intorno a un soggetto antichissimo. Nulla v'è, forse, in natura, di più antico del moto, e su di esso ci sono non pochi volumi, né di piccola mole, scritti dai filosofi»[4].

Nella fisica di Aristotele il moto ha una genesi determinata e uno *status* assoluto. Qui per "moto" va inteso il concetto della fisica moderna anche se, in effetti, il concetto di moto in Aristotele riveste una valenza più generale rispetto alla nostra concezione. Egli considera moto non solo il mutamento di luogo (moto locale) ma anche l'alterazione qualitativa, l'aumento o diminuzione quantitativi e, in taluni casi, la generazione e la corruzione. Riguardo al *moto locale* del *mondo sublunare* ad ogni corpo compete un luogo naturale, dove, se non intervengono cause esterne, i corpi si mantengono in quiete. Il moto è qualcosa che si "trasferisce" solo momentaneamente ai corpi.

Ogni movimento, *naturale* (se la direzione è verso il *luogo naturale*) o *violento* (se invece si allontana dal luogo naturale), necessita di una causa: per il moto naturale è il ritorno del corpo al suo luogo naturale, mentre per il moto violento è un *motore* esterno in contatto con il *mobile* (non sono ammesse azioni a distanza). Soppressa la causa, naturale o violenta, il moto si estingue conseguentemente (*cessante causa cessat effectus*). Inoltre, la velocità dei corpi in moto violento è direttamente proporzionale alla forza applicata (motore)[5].

Non c'è incertezza riguardo ad un corpo in movimento: è esso, appunto, in movimento, e non l'osservatore che si presuppone fermo. Se con la nuova fisica si arriva ad uno spazio *isotropo* e *omogeneo*[6], dove posti «al medesimo livello ontologico, privati delle loro distinzioni qualitative, movimento e quiete diventano indistinguibili»[7], per la cosmologia aristotelica invece si rileva essenziale la *determinazione onto-gnoseologica del movimento* in uno spazio *anisotropo* e *non* omogeneo. Basti qui ricordare uno dei versi fondamentali – e illuminanti sotto questo aspetto – della cosmologia aristotelica: «Si potrebbe chiedere, poiché il centro di entrambi [ossia della terra e dell'universo] è costituito dal medesimo punto, per quale potenza il moto naturale dei corpi pesanti, o di parti della terra, è diretto verso di esso; come centro dell'universo o della terra. La risposta è che è diretto verso di esso come centro dell'universo; infatti i corpi leggeri come il fuoco il cui moto è contrario a quello dei gravi, muovono verso l'estremità della regione che contiene il centro. Avviene così che *per accidens* la terra e l'universo hanno il medesimo centro; i corpi pesanti, infatti, muovono verso il centro della terra, ma solo *per accidens*, in quanto la terra ha il proprio centro nel centro dell'universo»[8]. E nella *Fisica* scrive: «ogni corpo sensibile è nello spazio, mentre le specie e le differenze dello spazio sono alto e basso, avanti e dietro, destra e sinistra. E queste cose sono tali non solo per noi e per convenzione, ma anche nel tutto stesso»[9], o anche, «i movimenti locali dei corpi naturali semplici, come fuoco, terra ed altri elementi simili, mostrano non solo che lo spazio è qualcosa, ma anche che esso ha una certa capacità. Infatti ogni cosa è trasportata verso il proprio luogo, se niente l'ostacola, l'una in alto, l'altra in basso. E queste determinazioni sono parti e specie dello spazio: alto e basso e le altre sei direzioni»[10].

In particolare, quando un corpo viene *messo* "in moto", esso risulta *in moto* senza incertezza e senza relativismo. Ciò viene dimostrato, agli occhi di Aristotele, da una moltitudine di fatti, fra loro collegati, che rendono manifesta la fenomenologia sottostante di tipo MED: *a)* il corpo, una volta lanciato, risulta *visivamente* in movimento quando prima non lo era; *b)* per produrre il moto è necessario uno sforzo iniziale; *c)* tale sforzo si traduce in una forma di *impulso*[11] che mantiene il corpo in moto, ma che col tempo finirà per esaurirsi restituendo il corpo alla quiete; *d)* da una "accelerazione" transitoria segue sempre, inesorabilmente, una "decelerazione" consequenziale fino allo stato di quiete; *e)* lo status dell'impulso iniziatore del movimento risulta irrefutabile riguardo le caratteristiche relative a quelle che oggi chiameremmo stato di accelerazione e massa inerziale[12]. Tutto ciò – secondo il Filosofo – assegna allo stato del moto il carattere assoluto e determinato (MED).

Un esempio potrà chiarire ulteriormente il punto di vista aristotelico. Un proiettile sparato da una pistola in un istante *t* viene visto in moto "assoluto" (MED) rispetto alla pistola che rimane "ferma"[13], o, detto più sottilmente, "lo stato di moto appartiene più propriamente al proiettile che non alla pistola". Deduzione che può apparire più che scontata se non si dispone della nuova intelaiatura concettuale relativista. Scrive Einstein in uno di suoi libri divulgativi più affascinanti che «uno dei problemi fondamentali, durante millenni completamente oscurato dalla sua complessità, è quello del moto»[14].

È interessante notare come, dopo millenni, lo studente di fisica ai primi anni (e non solo!) si trovi ancora più a proprio agio con la fisica aristotelica che con la nuova, e come sia un passaggio non facile superare tale *weltanschauung*, come documenta con enfasi Howard Gardner:

A fornire gli elementi di prova a questa tesi allarmante è la messe ormai ricchissima di indagini che hanno visto la luce negli ultimi decenni. Queste indagini documentano che anche gli studenti meglio preparati e dotati di tutti i carismi del successo scolastico – regolare frequenza di scuole valide, valutazioni molto elevate, buoni punteggi nei test e riconoscimenti da parte degli insegnanti – solitamente non mostrano affatto una comprensione adeguata dei contenuti e dei concetti con cui lavorano... Ricercatori della John Hopkins University, del Massachusetts Institute of Technology e di altre prestigiose università hanno documentato che spesso studenti che nei corsi di fisica seguiti nei *colleges* avevano ottenuto voti molto elevati, se posti di fronte a questioni e problemi elementari formulati in modo anche solo leggermente diverso da quello con cui li avevano incontrati al momento della spiegazione formale e della verifica, sono incapaci di affrontarli. Un esempio tipico è il seguente: si chiede agli studenti di indicare le forze che agiscono su una moneta lanciata in aria che abbia raggiunto il punto più alto della propria traiettoria; la risposta corretta è che, una volta che la moneta si libri nell'aria, è presente solo la spinta gravitazionale verso il basso; in realtà, invece, il 70 per cento degli studenti di *college* che avevano portato a termine un corso di meccanica ha dato la stessa risposta ingenua degli studenti che non avevano mai affrontato la materia: hanno citato, cioè, due forze, una verso il basso derivante dalla gravità e una verso l'alto derivante dalla spinta in su impressa originariamente dalla mano. [...] Ma quello relativo alle forze... non è il solo punto debole degli studenti reduci da un corso di fisica. Quando li si interroga sulle fasi della luna, sulle cause dell'avvicendarsi delle stagioni, sulle traiettorie di oggetti che si scontrano nello spazio o sui movimenti dei loro stessi corpi, gli studenti non mostrano affatto di possedere quelle capacità di comprendere che l'insegnamento scientifico dovrebbe produrre. Dozzine di studi di questo tipo dimostrano che i giovani adulti reduci da studi scientifici continuano a mettere in luce le stesse idee sbagliate e gli stessi fraintendimenti in cui ci si imbatte tra i bambini della scuola elementare» [15].

Al fine di una semplificazione pedagogica, per smontare l'apparente "ovvietà" che lo stato di moto appartiene più propriamente al proiettile che non alla pistola, si consideri un'astronave in moto nella stessa direzione (più propriamente, stessa direzione e identico verso) del proiettile e con la stessa velocità di quest'ultimo rispetto alla pistola "ferma". Si supponga che lo sparo di un secondo proiettile tirato da una pistola identica alla prima – ma stavolta all'interno dell'astronave – avvenga nello stesso istante del primo ma in direzione opposta (tecnicamente: stessa direzione ma verso contrario), e proprio quando le due pistole appaiono affiancate l'una all'altra. Cosa vede il primo osservatore "fermo" riguardo alla seconda pistola e al proiettile associato? Aristotelicamente vede la seconda pistola "volare" a fianco del primo proiettile e il secondo rimanere "fermo" accanto alla prima pistola. L'azione dello sparo della seconda pistola avrebbe avuto dunque lo scopo di "arrestare" il rapido movimento del proiettile. Così sarebbe stato agli occhi di Aristotele. Ma l'osservatore all'interno dell'astronave può asserire senza tema di smentite che l'astronave è rimasta sempre "ferma", a parte il proiettile sparato, e che in movimento era viceversa la pistola esterna all'astronave, la quale con uno sparo ha "bloccato" il suo proiettile.

Qui il concetto di fondo è che il *principio di inerzia* (o la cartesiana *conservazione della quantità di moto*) rompe lo schema epistemologico aristotelico: un corpo lanciato non si arresta più se una causa esterna non interviene! In termini più filosofici, la genesi del moto violento tramite il *cominciamento* e la *cessazione* non ha più luogo e, quindi, non è più utilizzabile come cartina di tornasole per smascherare un moto violento. Per questo l'osservatore all'interno dell'astronave può sostenere il suo punto di vista. Ed è per lo stesso motivo che la *acce-*

lerazione perde la sua "polarità": non si potrà mai più discernere se una accelerazione è positiva o negativa, discriminare un avviamento da un decadimento. Il colpo di pistola non ci assicura che il proiettile abbia avuto una partenza (accelerazione) piuttosto che un arresto (decelerazione).

Ritornano alla mente le parole di Cartesio già accennate, quando puntualizza la differenza tra la sua fisica e quella antica ancora in auge, dove i sostenitori, «al meno rilevante dei movimenti attribuiscono un essere molto più saldo e più vero che non alla quiete: questa, a quel che dicono, è solo privazione di movimento. Io invece concepisco la quiete... proprio come il movimento»[16]. Koyré riconosce ed esalta senza mezzi termini la grande intuizione cartesiana: «Descartes condanna come volgare l'opinione che assegna moto e quiete a diversi livelli dell'essere e secondo la quale occorre una forza maggiore per mettere in movimento un corpo in quiete che non per arrestarne uno in movimento. Ha ragione, naturalmente: l'equivalenza ontologica o equiperfezione di movimento e quiete è proprio il nucleo della nuova concezione del movimento come Newton, tacitamente, riconoscerà facendo proprio il termine cartesiano *status*»[17].

Si noti che è proprio questa la differenza sostanziale tra MED e MEI. Proprio il fatto di non poter discriminare un'accelerazione positiva da una negativa, uno "start" da uno "stop", porta al passaggio dal MED al MEI. Si ricordi il *gran naviglio* di Galileo: «... stando ferma la nave, osservate diligentemente [...] tutte queste cose, benché niun dubbio ci sia che mentre il vassello sta fermo non debbano succeder così, fate muover la nave con quanta si voglia velocità; ... voi non riconoscerete una minima mutazione in tutti li nominati effetti...». Dopo una accelerazione transitoria (impulso) un sistema inerziale si ritrova nella stessa situazione fenomenologica di partenza, e rimane indecidibile la polarità dell'accelerazione subita. Un'astronave sospesa nello spazio, dopo un'improvvisa accelerazione, non potrà decidere se, supponiamo, da "ferma" è scattata in avanti, o se era in moto uniforme in verso contrario e ha subito una decelerazione: la fenomenologia è esattamente identica. È questa la piattaforma concettuale che porta a quello che definiamo *frame swap* (equivalenza totale tra due sistemi di riferimento, anche post-accelerazione), come vedremo più avanti.

A differenza del MED, nel MEI la accelerazione perde la sua "polarità". Tale "relativizzazione" porterà ad una simmetria concettuale che, come vedremo, sarà alla base dell'unificazione newtoniana[18].

Note

1   E.J. DIJKSTERHUIS, *Il meccanicismo e l'immagine del mondo. Dai presocratici a Newton*, Milano 1980, p. 150.

2   Ivi, p. 203.

3   A. KOYRÉ, *Studi galileiani*, Torino 1976, p. 327.

4   G. GALILEI, *Discorso intorno a due nuove scienze*, vol. II, Torino 1980, p.722.

5   Cfr. ARISTOTELE, *Fisica*, IV 8, 250 a1-a9.

6   L'*isotropia* riguarda l'invarianza durante il mutamento della *direzione* nello spazio di quantità vettoriali, come la velocità, mentre l'*omogeneità* sottintende quella che potremmo classificare come *transcronotopia*. Come dice la parola stessa – al di là del *cronos* e del *topos* – si è in una *configurazione transcronotopica* quando la validità di una azione rimane inalterata per traslazioni spaziali e temporali. Ciò è alla base della scienza moderna: questa non sarebbe realizzabile senza la galileiana *ripetibilità* dell'esperimento scientifico. A sua volta, la ripetibilità, implica di fatto la *transcronotopicità*, ossia la perfetta simmetria traslazionale nello spazio e nel tempo. In fisica, quest'ultima, viene sovente chiamata *omogeneità* dello spazio e del tempo, e altro non è se non – con le parole del nobel per la fisica Richard Feynman – «la simmetria chiamata» come «traslazione nello spazio» e «traslazione nel tempo» (R. FEYNMAN, *La legge fisica*, Torino 1971, pp. 95-6.). La prima simmetria, scrive Feynman, «la simmetria chiamata *traslazione spaziale*», «ha il significato seguente: se [...] fate un qualunque esperimento [...] e poi andate a [...] fare lo stesso esperimento, con oggetti simili, ma posti qui invece che là, cioè semplicemente traslati da un punto all'altro dello spazio, allora nell'esperimento traslato accadranno le stesse cose che accadevano nell'esperimento originario» (Ivi, p. 95.). Idem per la *traslazione temporale*: «uno spostamento nel tempo non ha nessuna importanza. [...] Tutto andrebbe esattamente come prima» (Ivi, p. 96.). La transcronotopia, dunque, è il fondamento della scienza, in quanto è il presupposto dell'*osservazione scientifica* e dell'*esperimento*.

7   A. KOYRÉ, *Studi newtoniani*, Torino 1972, p. 10. Cfr. anche, dello stesso autore, *Studi galileiani*, op. cit., p. 348.

8   ARISTOTELE, *De caelo*, II, 14, 296 b.

9   ARISTOTELE, *Fisica*, III, 5, 205 b 31-33.

10 ARISTOTELE, *Fisica*, IV, 1, 208 b8-22.

11 Il quale, un millennio e mezzo dopo, verrà trasformato in *impetus* ad opera del Buridano. Per quest'ultimo concetto si rimanda a M. JAMMER, *Storia del concetto di massa*, Milano 1980, pp. 55 sgg. In realtà nella fisica aristotelica era il mezzo esterno - l'aria - la fonte di continuità del movimento. Per Aristotele l'aria fungeva da forza motrice e da forza resistente. Scrive

il Filosofo: «i proiettili si muovono, sebbene non più toccati da parte di chi li ha lanciati, o per forza di reazione, come affermano alcuni, oppure in quanto l'aria, spinta, a sua volta imprime una spinta con un movimento più veloce di quello il quale esso si muove verso il suo proprio luogo naturale» (ARISTOTELE, *Fisica*, IV, 8, 215 a 14-17). L'aria quindi assicurava il contatto fisico (ogni cosa in moto è mossa da qualcosa in moto) e assicurava che non si verificasse il moto istantaneo, cioè una velocità infinita. Secondo Aristotele era evidente che la resistenza al moto dipendeva dalla densità del mezzo. Più il mezzo si rarefaceva, più la velocità aumentava: la scomparsa del primo (cioè il vuoto) avrebbe dato alla seconda un carattere infinito, il moto sarebbe diventato istantaneo. Ciò era inconcepibile: «Non è possibile che alcuna cosa sia mossa, se esiste il vuoto» (*Fisica*, IV, 8, 214 b 31). Fino a formulare il *principio d'inerzia* "per absurdum" qualora si fosse ipotizzata l'esistenza del vuoto: «Inoltre, non si potrebbe dire perché un corpo, una volta posto in moto, dovrebbe fermarsi in un posto quale che sia; infatti, perché mai dovrebbe fermarsi qui anziché là? In tal modo un corpo dovrebbe o essere in quiete o essere mosso ad infinitum, a meno che qualcosa di più forte non lo arresti» (*Fisica*, IV, 8, 215 a 19-23).

12 Nella prospettiva aristotelica ciò sarebbe stato visto come la tendenza del corpo a mantenere quel luogo. Tale fenomenologia valeva solo per il mondo sublunare e non per i corpi celesti: due meccaniche distinte, dunque, che arriveranno ad una unificazione solo ad opera di Cartesio e Galileo prima (scrivono Federigo Enriques e Giorgio De Santillana nel loro *Compendio di storia del pensiero scientifico*, Bologna 1936, p. 341: «Galileo ha distrutto definitivamente il pregiudizio aristotelico di una distinzione fra la fisica del mondo sublunare... e la fisica dei cieli incorruttibili») e Newton dopo, che apparirà agli occhi dei posteri come l'unificatore per antonomasia. Una sintesi analoga si avrà in seguito con Maxwell, che riuscirà ad unificare l'elettrodinamica con il magnetismo, creando il cosiddetto *elettromagnetismo*. Infine con Einstein si assisterà ad un'ulteriore tentativo di unificazione che vedrà la fusione di *spazio* e *tempo*, *materia* ed *energia*.

13 Si immagini, per astrazione e universalizzazione, la pistola nello spazio vuoto, anche se vista posizionata in un preciso luogo geografico della Terra nulla modificherebbe all'argomentazione. Viene qui sottolineato ancora una volta come per Aristotele e tutta la cosmologia antica, "in moto" e "fermo" erano concetti assoluti e non relativi, come rimarca Max Jammer nel suo celeberrimo *Storia del concetto di spazio*, Milano 1981, p. 58: «Aristotele, o chiunque scrisse il *De motu animalium*, asserisce che ovunque sia un corpo in movimento, là debba trovarsi qualcosa che sia immobile».

14 A. EINSTEIN - L. INFELD, *L'evoluzione della fisica*, Torino 1965, p.18.

15 H. G*ARDNER*, *Educare al comprendere*, Milano 2001, pp. 12-13; cfr. anche pp. 153-176, e pure H. G*ARDNER*, *Sapere per comprendere*, Milano 1999, pp. 124-5. Un collegamento significativo si ha inoltre con J.D. N*OVAK*, *L'apprendimento significativo*, Trento 2001, pp. 52, 84, 92, 150.

16 C*ARTESIO*, *Il Mondo o Trattato della luce*, op. cit., p. 149.

17 A. K*OYRÉ*, *Studi Newtoniani*, op. cit., p. 84.

18 Il residuo di "assolutezza" che l'accelerazione sembra rimarcare nella meccanica di Newton sarà preso d'assalto e messo in discussione quasi due secoli dopo dalla poderosa critica concettuale di Mach prima e dalla Relatività Generale di Einstein dopo. Approfondimenti si trovano in R.V. M*ACRÌ*, *Asimmetrie antirelativistiche del campo*, 1999, in R.V. M*ACRÌ* (a cura di), *Asimmetrie antirelativistiche*, Lecce 2015; e in M. M*AMONE* C*APRIA*, *La crisi delle concezioni ordinarie di spazio e di tempo: la teoria della relatività*, op. cit.

IV

La sintesi newtoniana e il *frame swap*

«Essendo dato un insieme di corpi, si dice che essi si muovono, gli uni rispetto agli altri, quando le loro mutue distanze variano col tempo. Una tale definizione, perfettamente simmetrica rispetto ai vari corpi, non ci permette in alcun modo di distinguere quale fra i corpi considerati *veramente si muova*, e quale *resti fermo*; anzi le parole sottolineate, se non ci si riferisca a qualcos'altro, restano prive di significato»[1]. Così Federigo Enriques riassume la rivoluzione che abbiamo fin qui analizzato e che a maturità completa verrà associata al nome di Newton, il quale, oltre a rivestirla con un potente formalismo matematico[2], detronizzerà la scienza cartesiana («*hyphoteses non fingo*»)[3] spostando l'ago della bilancia a favore del matematismo[4], vincendo così «una delle partite più importanti per tutto lo sviluppo futuro della fisica»[5]. Matematismo che col tempo rischierà di soffocare la semantica celata, o di offuscarla, eclissando la struttura filosofica nascosta dietro *la formula*[6]. Si tratta, dunque, di ritrovare il nucleo semantico della *relatività del moto* che a prima vista sembra essere stato rimosso dalla collettività scientifica contemporanea, capace oramai di scorgere *solo* i contorni sfumati del reale nucleo filosofico velato dietro il formalismo.

Per prima cosa dobbiamo di nuovo rimarcare l'isotropia e omogeneità dello spazio, al di là della sua sostanzialità o identità. Scrive Einstein riguardo alla nozione di spazio: «Questi due concetti di spazio possono essere contrapposti come segue: (a) lo spazio come una qualità relativa alla posizione del mondo degli oggetti materiali; (b) lo spazio come contenitore di tutti gli oggetti materiali. Nel caso (a), lo spazio senza un oggetto materiale è inconcepibile. Nel caso (b) un oggetto materiale può essere concepito solo come esistente nello spazio; lo spazio appare, allora, come realtà che in un certo senso è superiore al mondo materiale. Entrambi i concetti di spazio sono libere creazioni dell'immaginazione umana, mezzi progettati per una più facile comprensione della nostra esperienza sensibile. Queste schematiche considerazioni attengono alla natura dello spazio rispettivamente dal punto di vista geometrico e dal punto di vista cinematica. Essi, in un certo senso, vengono riconciliati l'uno con l'altro dall'introduzione ad opera di Cartesio del sistema di coordinate, sebbene questo presupponga già il concetto (b), logicamente più audace, di spazio».[7] Si tratta, ora, di considerare la caratteristica saliente e comune di ambedue i concetti di spazio, vale a dire, appunto, l'isotropia e omogeneità. In particolare, un *sistema inerziale* è «un sistema di riferimento tale che rispetto ad esso lo spazio sia omogeneo ed isotropo ed il tempo omogeneo».[8]

Passiamo adesso a Newton. Nei suoi *Principia* scrive: «COROLLARIO V: I moti relativi dei corpi inclusi in un dato spazio sono identici sia che quello spazio giaccia in quiete, sia che il medesimo si muova in linea retta senza moto circolare. [...] COROLLARIO VI: Se i corpi sono mossi uno rispetto all'altro in un qualunque modo, e sono spinti da forze acceleratici eguali lungo linee parallele, essi continueranno ad essere mossi l'uno rispetto all'altro nello stesso modo, come se non fossero sollecitati da quelle forze»[9]. Ciò viene usualmente tradotto in una invarianza delle leggi per traslazioni; con le parole di Max Jammer: «La meccanica di Newton è invariante rispetto ad una trasformazione di coordinate con velocità costante, ossia, rispetto ad una trasformazione galileiana»[10]. Inoltre, per Newton, spazio e tempo sono degli assoluti, a differenza di Leibniz.

Ma il quadro concettuale della meccanica razionale contiene molto di più in termini di assunzioni implicite: «La struttura spazio-temporale della fisica newtoniana è matematicamente caratterizzata dall'importante proprietà espressa dal principio di relatività galileiano (1632): le descrizioni spazio-temporali delle leggi fisiche devono risultare le stesse in ogni sistema di riferimento inerziale. Precisamente, esse devono risultare invarianti non solo rispetto alle rototraslazioni del riferimento spaziale e alle traslazioni dello spazio-tempo lungo l'asse temporale ma anche rispetto a trasformazioni che producono variazioni costanti di velocità traslazionale del sistema. Trasformazioni di questo genere possono effettuarsi sia attivamente, applicando temporaneamente al sistema un opportuno sistema di forze; sia passivamente, modificando il sistema di riferimento spazio-temporale. Il principio di reciprocità, connesso con l'invertibilità dei ruoli tra soggetto e oggetto, risulta valido anche in questo caso: fatta astrazione dall'ambiente, ogni trasformazione passiva del sistema, ottenuta variando lo stato configurazionale e inerziale dell'osservatore, è equivalente a una trasformazione attiva inversa, ottenibile modificando lo stato configurazionale e inerziale del sistema osservato mediante azioni esercitate dall'esterno»[11].

È opportuno focalizzare queste ultime righe riguardo al *principio di reciprocità*, le quali ci portano direttamente al concetto di *frame swap* (sistema di coordinate interscambiabile): ogni coppia di sistemi inerziali in moto relativo tra di loro può scambiarsi (o invertire) il ruolo di "osservatore" senza mutare i risultati. «La situazione è interamente simmetrica»[12]. E tutto ciò al di là della genesi del moto.

Nel cosiddetto *Manoscritto Morgan* del 1921 Einstein precisa meticolosamente le assunzioni implicite interne alla relatività ereditate dalla meccanica newtoniana: «La prima concerne l'omogeneità: le proprietà dei regoli e degli orologi non dipendono né dalla posizione né dall'istante in cui si muovono, ma solo dal modo in cui si spostano. La seconda l'isotropia: le proprietà dei regoli e degli orologi sono indipendenti dalla direzione. La terza l'indipendenza di tali proprietà dalla storia precedente di regoli e orologi»[13].

Per quanto abbiamo detto, nel nostro caso il termine "simmetrico" va inteso come "reciproco". È cruciale scandire la differenza concettuale tra 'simmetria' e 'reciprocità', molto spesso confuse l'una con l'altra. Il concetto di simmetria è molto ampio e spesso ingloba al suo interno quello di reciprocità. In fisica si parla di simmetria tutte le volte che una trasformazione lascia invariate certe grandezze o proprietà fisiche, mentre si parla, al contrario, di violazione della simmetria quando si incontrano grandezze o proprietà non invarianti sotto la stessa trasformazione. D'altra parte una trasformazione può essere simmetrica ma non reciproca.

Un esempio di reciprocità lo troviamo nella stessa relatività dello spazio: «Gulliver considerava i Lillipuziani come una razza di nani; e i Lillipuziani consideravano Gulliver come un gigante», scrive Artur Eddington[14]. La reciprocità compare pure nel concetto matematico-fisico-filosofico di *equazione* (si pensi al cambiamento di segno durante il trasporto di un termine da un membro all'altro dell'equazione, oppure al cambiamento da divisore a dividendo e viceversa) o nelle trasformazioni newtoniane del moto (per esempio in due sistemi inerziali, un *frame swap* viene codificato in forma matematica come un cambiamento di segno: se A vede B muoversi con velocità u, allora B vede A muoversi con velocità $-u$). Più avanti avremo modo di confrontare le strutture matematiche einsteniane con quanto appena citato, oltre a "mettere in azione" il concetto di *frame swap*.

Un esempio chiarirà la struttura epistemologica del principio di reciprocità. Siano A e B due sistemi inerziali inizialmente privi di moto relativo tra di loro. All'istante t, B subisce una accelerazione transitoria tale da acquistare velocità v rispetto ad A. Dopo l'impulso subito da B i due sistemi si ritrovano in moto relativo uniforme l'uno rispetto all'altro. Possiamo, allora, asserire che è B che si sta muovendo? Da un punto di vista aristotelico non ci sarebbe alcun dubbio, è proprio B a muoversi rispetto ad A (MED). Ma dal punto di vista galileiano-cartesiano-newtoniano tale asserzione è facilmente neutralizzabile: nessun esperimento realizzato in A o in B o in A misurato da B o in B misurato da A si diversificherà; se i due sistemi arriveranno al *frame swap* riotterranno la medesima fenomenologia di partenza. Si noti il carattere primario di tale concetto all'interno del principio di relatività, al punto che la nuova relatività di Einstein non può che inglobarlo al suo interno, essendo quest'ultima un'*estensione* della prima: «L'innovazione di Einstein consiste nell'aver esteso il principio [di relatività] all'intera fisica»[15]. Basti qui, al riguardo, un'asserzione dello stesso Einstein come esempio, tra le tante esposte nei vari testi di relatività: «In queste affermazioni è poi lecito scambiare sistema in quiete e sistema in moto, giacché si tratta di fenomeni di moto relativo»[16].

Ma si potrebbe obiettare: "Però questa volta si è certi dell'accelerazione subita da B e, dunque, non ci possono essere dubbi che è proprio B a muoversi rispetto ad A".

Significherebbe non aver imparato niente dalla lezione cartesiana. La *accelerazione* non è sinonimo di messa in moto. Lo era con Aristotele, ma non più con la nuova struttura concettuale relativista. Infatti, come abbiamo spiegato, a differenza del MED, nel MEI la accelerazione perde la sua "polarità". Nessuno potrà più distinguerla da una decelerazione (se non in senso relativo). Nel nostro esempio, infatti, si sarebbe potuto immaginare che ambedue i sistemi fossero stati precedentemente accelerati rispetto ad un terzo sistema inerziale (o ad un gruppo di sistemi inerziali inizialmente in quiete, o al cosiddetto *centro di massa* dell'Universo) e che al momento t l'apparente accelerazione subita da B prima citata fosse in realtà una decelerazione camuffata rispetto ai restanti sistemi rimasti in quiete: in tal caso B sarebbe ritornata in quiete relativa rispetto al gruppo precedente e, quindi, ci sarebbero maggiori ragioni per asserire che è A ad essere in moto.

In breve: con la nuova intelaiatura relativistica la accelerazione perde la sua polarità, come abbiamo precedentemente dimostrato. Se poi vogliamo portare alla memoria lo *spazio assoluto* di Newton o l'*etere* del XIX secolo allora possiamo tradurre quanto detto in termini "forti" di *equivalenza isotropica*[17]: "ogni sistema inerziale possiede *completa equivalenza isotropica* con un ideale *aether frame*", cioè un sistema fermo rispetto all'etere. Scrive Einstein nel 1909: «Il principio di relatività implica… che le leggi della natura riferite a un sistema di coordinate K' in moto uniforme rispetto all'etere siano eguali alle corrispondenti leggi riferite a un sistema di coordinate K che sia a riposo nell'etere. Se però le cose stanno così abbiamo ragioni altrettanto buone di immaginare l'etere a riposo rispetto a K', che rispetto a K»[18].

Terminiamo adesso questa sezione con l'importante asserzione di Einstein appena citata: «Le proprietà dei regoli e degli orologi *non dipendono* né dalla posizione né dall'istante in cui si muovono, ... sono indipendenti dalla direzione [e]... *dalla storia precedente*»[19]. Dovremo avere in mente queste parole più avanti, in particolare quando affronteremo l'argomento del cosiddetto "paradosso dei gemelli", dove acquisteranno un peso e un'importanza cruciali. In particolare se terremo presente nel contempo il concetto di MEI e quello di Frame Swap.

Note

1   F. ENRIQUES, *Problemi della scienza*, sec. ediz., Bologna 1909, p. 229. «Nella teoria newtoniana… Si supponga un'astronave *p* fuori nello spazio, lontana da ogni influenza esterna. Se *p* non si trova in accelerazione come può essere determinato se si trova a riposo o no? Un approccio naturale potrebbe essere quello di misurare la posizione di *p* relativa a qualcosa che sia a riposo. Ma uno dopo l'altro i candidati possibili falliscono: la terra, il sole, le stelle "fisse", e il congetturato *etere*… Neppure l'equipaggio può fare alcun esperimento all'interno dell'astronave capace di una discriminazione» (B. O'NEILL, *Semi-Riemannian Geometry*, New York – London 1983, p. 161).

2   Cfr. T.M. TONIETTI, *Verso la matematica nelle scienze: armonia e matematica nei modelli del cosmo tra Seicento e Settecento*, in M. MAMONE CAPRIA (a cura di), *La costruzione dell'immagine scientifica del mondo*, op. cit.

3   «Ciò che Newton non conserva, ma espunge dalla sua trascrizione dell'enunciato cartesiano, è appunto il suo contesto metafisico-teologico: il riferimento a Dio ed alla "costanza" della sua azione per il mantenimento della quantità di moto. Newton laicizza radicalmente il principio d'inerzia, facendone un assioma neutro, a-metafisico» (P. CASINI, *Newton e la coscienza europea*, Bologna 1983, p. 52).

4   «Descartes, con i suoi vortici, i suoi atomi uncinati, ecc. spiegava tutto e non calcolava niente; Newton con la legge di gravitazione […] calcolava tutto e non spiegava niente» (RENÈ THOM, *Stabilità e morfogenesi*, Torino 1980, p. 8).

5   U. BARTOCCI, *Albert Einstein e Olinto De Pretto: la vera storia della formula più famosa del mondo*, Bologna 1999, p. 62. Ordinario di Geometria presso il Dipartimento di Matematica dell'Università di Perugia dal 1976, dove ha insegnato per più di un ventennio anche Storia delle Matematiche, Umberto Bartocci è un esperto di "meccanismi contraffattivi" esercitati celatamente all'interno della comunità scientifica. Laddove la Scienza, nei suoi manuali, si ammanta di un cammino lineare e inesorabile, progressivo e cumulativo, gli storici del pensiero scientifico (e Bartocci è uno dei più penetranti) ci allertano di continue anomalie manifestamente lontane dalla "retta standard". «Gradualmente, e spesso senza rendersene conto, gli storici della scienza hanno cominciato a porsi un nuovo genere di domande e a tracciare per le scienze linee di sviluppo differenti e spesso tutt'altro che cumulative», sottoscrive un campione di questa disciplina come Thomas S. Kuhn nel suo celeberrimo capolavoro *La struttura delle rivoluzioni scientifiche* (Torino 1978, p. 21). «Si scopre innanzitutto che gli scienziati imbrogliano da sempre e che non sono solo i mediocri a farlo. Non sorprenderà dunque trovare in questa rassegna i nomi di prestigiosi premi Nobel e dei padri della scienza moderna, Galilei e Newton, accanto a quelli di scienziati rimasti anonimi o saliti agli

onori delle cronache per invenzioni o scoperte false» (F. Di Trocchio, *Le bugie della scienza*, Milano 1993, p. 6). Sotto questa luce vale la pena di entrare in una delle pagine più significative del prof. Bartocci, amico e compagno di studi e di approfondimenti sulla tematica relativistica e sulla cartesiana natura e struttura fluido-dinamica dell'universo. Chiediamoci «come mai la concezione fisica di Cartesio sia stata "ripudiata", addirittura al punto che essa è solitamente ignorata dalle diverse storie, vuoi della filosofia che della scienza, anche soltanto come momento di transito verso la formulazione di altre teorie più vere e più giuste. Il fatto è che in quel mezzo secolo che va dall'enunciazione cartesiana della teoria fluido-dinamica dell'universo al trionfo della meccanica delle misteriose azioni a distanza nell'universo vuoto di Newton si giocò una delle partite più importanti per tutto lo sviluppo futuro della fisica. La vittoria come si sa andò al filosofo e fisico inglese, e ai suoi *Philosophiae Naturalis Principia Mathematica* (1687), che fin dal titolo fanno riferimento all'opera del grande avversario della concezione newtoniana. Newton si limitò infatti, rispetto al titolo che Cartesio aveva dato alla sua opera, soltanto a due specificazioni, contenute in quel "naturalis", che tende ad escludere il resto della filosofia dalle dispute di fisica, e in quel "mathematica" (che è tra l'altro scritto con caratteri più grandi degli altri nel frontespizio di alcune edizioni dell'opera!), che costituisce probabilmente la vera ragione del suo successo, in un'epoca che cominciava ormai ad avviarsi decisamente verso la quantizzazione e la materializzazione» (U. Bartocci, *Albert Einstein...*, op. cit., pp. 62-3).

6   Si è arrivati oggi al culmine della reverenza e sottomissione alla "formula": alla cristallinità del pensiero logico-razionale, impossibilitato a scorrere "nudo" per mancanza di omologazione, viene avviluppato un esasperato formalismo matematico tale da conferire alle stesse teorie un surplus di scientificità, prestigio, autenticità e autorevolezza diversamente mal riconosciute e approvate. Diceva Kant che in una teoria «si può trovare solo tanta scienza propriamente detta, quanta è la matematica che si trova in essa», e il mondo contemporaneo sembra volerlo seguire alla lettera. Cfr. U. Bartocci - R.V. Macrì, *Il linguaggio della matematica*, «Episteme», n. 5, 2002.

7   A. Einstein, *Prefazione*, in M. Jammer, *Storia del concetto di spazio*, op. cit., p. 10.

8   L.D. Landau - E.M. Lifšits, *Fisica teorica 1: Meccanica*, Roma 1979, p. 32.

9   I. Newton, *Principi matematici della Filosofia naturale*, Torino 1965, pp. 128-9.

10 M. Jammer, *Storia del concetto di spazio*, op. cit., p. 91.

11 R. Nobili, *La cognizione dello spazio e il principio di dualità*, Pavia 1990, p. 11. In matematica tutto questo viene sigillato col concetto di *gruppo* (cfr. A.A. Tyapkin, *Relatività speciale*, Milano 1993, pp. 108-9) che, nel caso della situazione fisica di due sistemi inerziali K e K', il nocciolo viene così definito: «Alla trasformazione delle coordinate del sistema K nelle coordinate del sistema K' corrisponde un elemento inverso, la trasformazione inversa di coordinate dal sistema K' al sistema K» (ibidem).

12 R.L. Faber, *Differential Geometry and Relatività Theory*, New York 1983, p. 109.

13 Cit. in A. Pais, *«Sottile è il Signore...». La scienza e la vita di Albert Einstein*, Torino 1991, p. 157.

14 A.S. Eddington, *Spazio, tempo e gravitazione*, Torino 1971, p. 39); cfr. pure H. Poincaré, *Scienza e metodo*, Torino 1997, pp. 79 sgg.

15 W. Rindler, *La relatività ristretta*, Roma 1971, p. 9. Cfr. pure C. Møller, *The Theory of Relatività*, Oxford 1972, p. 4.

16 G. Castelnuovo, *Spazio e tempo secondo le vedute di A. Einstein*, Bologna 1981, p. 36; cfr. pure p. 30.

17 Cfr. R. V. Macrì, *I FLOP nella trattazione relativistica del tempo*, op. cit., pp. 277 sgg.

18 Cit. in L. Kostro, *Einstein e l'etere. Relatività e teoria del campo unificato*, Bari 2001, p.58, e anche p. 62.

19 A. Pais, *«Sottile è il Signore...». La scienza e la vita di Albert Einstein*, op.cit., corsivo aggiunto, p. 157.

V

L'APPROCCIO EINSTEINIANO ALLA RELATIVITÀ

Alla fine del XIX secolo la fisica era arrivata ad un mirabile accumulo di conoscenze ed esperienze che, però, nascondeva al suo interno delle insoddisfazioni sia di carattere teoretico sia di carattere empirico. Ciò era ben formulato in un libro di testo utilizzato dallo stesso Einstein e che ebbe con molta probabilità la rilevanza di ispirarlo nel suo lavoro fondamentale del 1905.

Si tratta di uno dei percorsi che Einstein avrebbe seguito per arrivare alla relatività, secondo l'originale ricostruzione di Gerald Holton[1]. Tale percorso conduce ad un manuale tedesco pubblicato nello stesso anno in cui Einstein stava per abbandonare il ginnasio; un manuale sulla teoria elettromagnetica di Maxwell scritto da un certo August Föppl, ingegnere civile per formazione e filosofo per temperamento, il quale era stato accolto con entusiasmo dagli studenti che cercavano di trovare un appiglio per entrare nel mondo di Maxwell. Tra questi c'era pure Einstein[2].

Nel quinto capitolo del suo manuale, Föppl espose i marcati difetti che segnavano la fisica, e sfidò i fisici a prendere in considerazione la possibilità di cambiare le loro concezioni di spazio. Nella meccanica newtoniana e in particolare in quella di Mach, spiegava Föppl, non c'era un contesto di riferimento assoluto, e soltanto posizioni e moti relativi avevano significato fisico. L'elettromagnetismo, tuttavia, ne aveva sicuramente uno, vale a dire l'etere, il tramite che riempiva lo spazio e trasmetteva onde e altri campi di forza. Ciò conduceva a conflitti di principio.

Era il moto relativo o il moto assoluto che contava? Föppl cercò di rispondere a questa domanda immaginando cosa sarebbe successo se una bobina e un magnete si fossero mossi insieme, alla stessa velocità, nell'etere. In questo caso, come mostrò un esperimento, non ne sarebbe risultata alcuna corrente, soltanto la stessa che se i due oggetti fossero stati immobili su un tavolo. Perciò era il moto relativo quello che contava, almeno in questo caso. L'esperimento di pensiero' (*Gedankenexperiment*) di Föppl non lasciava spazio per l'etere. Egli paragonò l'idea di spazio senza un etere a una foresta senza alberi… ma avvertì che i fisici sarebbero stati presto costretti ad accettare questo strano e sgradevole concetto. «La decisione in merito» scrisse «rappresenta forse il problema più importante della scienza del nostro tempo»[3].

«Decisione» che Einstein annunciò di aver preso nel suo fondamentale lavoro del 1905. Infatti, *Zur Elektrodynamik bewegter Körper*, prende le mosse proprio dall'apparente irreperibilità a livello sperimentale dell'asimmetria concettuale dell'elettrodinamica di Maxwell: «E' noto che l'elettrodinamica di Maxwell – così come essa è oggi comunemente intesa – conduce, nelle sue applicazioni a corpi in movimento, ad asimmetrie che non sembrano conformi ai fenomeni. Si pensi ad esempio alle interazioni elettrodinamiche tra un magnete e un conduttore. Laddove la concezione usuale contempla due casi nettamente distinti, a seconda di quale dei due corpi sia in movimento, il fenomeno osservabile dipende, in questo caso, solo dal moto relativo del magnete e conduttore»[4].

Ma esiste anche un altro percorso che porta alla teoria di Einstein, sfruttato massicciamente nei testi divulgativi e non, e che lo scienziato tedesco sembra aver affannosamente e ripetutamente negato di aver seguito[5], fino a far sorgere legittimi frammenti di dubbio. Si tratta della via "maestra" percorsa da FiztGerald, Lorentz, Poincaré e altri. Essa parte da una serie di esperimenti cruciali, in particolar modo dall'*esperimento di Michelson e Morley* (1881-1887).

La ragione per cui Einstein omette ogni dato bibliografico nel suo celeberrimo lavoro del 1905 è da ricercarsi, con ogni probabilità, nel tentativo di occultare i propri debiti intellettuali, epistemologici e "relativistici" (o, in altre parole, le potenziali accuse di plagio) verso i suoi precursori e maestri: Lorentz e Poincaré. Ed è questo il motivo per il quale non è citato neanche Michelson e il suo celeberrimo esperimento, quello stesso che lui smentirà di aver mai sentito nominare prima, nonostante fosse un appassionato di esperimenti di questo tipo e avesse tentato già nel 1899 – 6 anni prima del suo lavoro fondamentale – di proporre al suo professore Heinrich Friedrich Weber un esperimento simile[6].

Weber rinviò Einstein a uno studio sulle teorie dell'etere – e a questo genere di esperimenti – scritto in Germania nel 1898 dal fisico Wilhelm Wien. «In quello studio, Wien verificava i risultati di tredici diversi esperimenti condotti nel tentativo di determinare il moto della Terra attraverso l'etere, dieci dei quali, compresa la prova Michelson-Morley, erano falliti. Era la prima volta che Albert sentiva parlare del lavoro Michelson-Morley, e tornato a Milano scrisse tutto eccitato a Wien delle sue idee...»[7]. Come rileva giustamente Marco Mamone Capria, «oggi si sa che Einstein era a conoscenza... della rassegna di Wien»[8]. Chiarisce senza mezzi termini Pais: «La risposta è che Einstein doveva senza dubbio conoscere il risultato di Michelson e Morley»[9]. Ma la ragione ultima del rinnegamento di Einstein riguardo alla conoscenza del citato esperimento è quella di eliminare ogni relazione epistemologicamente parentale con quel fisico olandese che portò alla ribalta numerose volte e con insistenza quello stesso esperimento e alle cui equazioni celeberrime – alle quali Einstein avrebbe voluto far apparire di essere arrivato incontaminatamente da solo nel suo saggio del 1905 – era già arrivato da anni sotto gli occhi dello stesso Einstein che lo seguiva fin dal 1901[10].

Proprio Einstein, in una conferenza tenuta a Kyoto nel dicembre del 1922, parlando dei suoi tentativi precedenti il suo "parto" del 1905, ammise di aver «perso quasi un anno in riflessioni infruttuose, nella speranza di riuscire a modificare l'idea di Lorentz»[11]. Si noti che lo studioso in genere non si lascia sfuggire le novità dello stesso autore su un argomento che ha a cuore: non è realistico pensare ad Einstein che scruta alcuni scritti di Lorentz, magari interessato all'equazioni relative all'elettrone, senza accertarsi anche (e soprattutto) degli scritti successivi dello stesso riguardo a novità sull'argomento.

«Sulla base dei suoi postulati Einstein *deduce* la TL [Trasformazione di Lorentz], peraltro in una maniera che reca chiara testimonianza del fatto che l'autore sapeva dove doveva arrivare – cioè che egli conosceva le equazioni finali»[12]. Ma c'è di più. Poincaré può essere considerato il vero "alter ego" o "maestro interiore" di Einstein. Questi si cibò delle idee di Poincaré almeno dal 1902 e forse anche prima. Ricorda in un pregevole testo Lewis Feuer: «A Berna, dove Einstein, dopo aver perso praticamente due anni, aveva iniziato a lavorare il 23 giugno 1902 come tecnico di terza classe dell'Ufficio brevetti, i suoi amici costituirono un circolo che chiamarono *Akademie Olympia*. [...] I suoi tre membri erano Conrad Habicht, Maurice Solovine e Einstein, ma come tutte le accademie, aveva quelli che si potrebbero definire i suoi "soci corrispondenti". Il gruppo si riuniva di solito nella camera di Einstein, dove si preparava caffè turco e si leggeva Mach, Poincaré, la *Logica* di Mill, Hume»[13].

«Le idee di Poincaré fecero il loro ingresso nella cultura dell'Akademie Olympia probabilmente con le discussioni dei suoi membri sulla "legge della relatività". Solovine ci ha riferito come l'Akademie comprendesse fra le sue letture il trattato di Poincaré *Scienza e ipotesi*»[14]. Era il libro che aveva scosso più di ogni altro l'immaginazione e l'interesse dell'Akademie Olympia, come ricorderà Solovine: «Scienza e ipotesi di Poincaré, un libro che destò in noi una profonda impressione e ci tenne senza fiato per molte settimane»[15]. Puntualizza Pais: «In particolare, *La science et l'hypothèse* del noto matematico e filosofo Henry Poincaré lasciò in loro un'impressione profonda»[16].

Il matematico francese già fin dal 1895 aveva messo in luce quello che Einstein, dieci anni dopo, prenderà come suggerimento essenziale per il suo saggio: «L'esperienza ha rivelato una quantità di fatti che possono riassumersi nella seguente formula: è impossibile rendere manifesto il movimento assoluto della materia, o meglio il movimento relativo della materia ponderabile rispetto all'etere; tutto ciò che si può mettere in evidenza è il movimento della materia ponderabile rispetto alla materia ponderabile»[17]. Persino il titolo del saggio, con ogni probabilità, fu suggerito ad Einstein dal titoletto del quinto paragrafo dello stesso scritto: *Elettrodinamica dei corpi in movimento*[18]. Inoltre, 7 anni prima che Einstein parlasse di "relatività della simultaneità", «il cervello vivente delle scienze razionali»[19] aveva già messo in discussione il concetto di simultaneità di eventi spazialmente distanti, aggiungendo tecniche e metodiche sulla relativa sincronizzazione degli orologi.

Nel 1898 Poincaré dichiarava *relativa* la *simultaneità*: «Non abbiamo l'intuizione diretta della simultaneità, non più di quella dell'uguaglianza delle durate [...] Scegliamo dunque queste regole [la simultaneità di due eventi] non perché sono vere, ma perché sono le più comode [...] In altri termini, tutte queste regole, tutte queste definizioni, sono solo il frutto di un opportunismo inconsapevole»[20]. Aggiunge Abraham Pais: «Queste righe suonano come un programma generale cui sarebbe stata data forma concreta sette anni dopo»[21].

Non ci possono essere dubbi che Einstein inseguì la scia epistemologica di Poincaré da molto vicino. Si noti che nel libro di Poincaré *La scienza e l'ipotesi* del 1902 compare il seguente percorso concettuale inseguito da Einstein: «1. Non c'è spazio assoluto e noi non concepiamo che movimenti relativi... 2. Non c'è tempo assoluto. Dire che due durate sono uguali è un'asserzione priva di senso e che non può acquisirne che per convenzione. 3. Non solo noi non abbiamo intuizione diretta dell'eguaglianza di due durate, ma non possediamo neppure quella della simultaneità di due avvenimenti che si producono su due teatri diversi. È quanto ho spiegato nel mio articolo intitolato *Misura del tempo*. 4. Infine, la nostra geometria euclidea non è, essa stessa, che una sorta di convenzione linguistica»[22].

All'interno dello stesso libro si parla di Lorentz e della sua teoria, toccando finanche gli ultimi esperimenti cruciali. E verso la fine si legge: «Poco importa che l'etere esista realmente. È un problema che riguarda i metafisici. L'essenziale, per noi, è che tutto accada come se l'etere esistesse [...] Anche questa non è che un'ipotesi comoda, e non cesserà di essere tale, mentre verrà il giorno in cui l'etere sarà considerato inutile»[23].

Non solo! In un articolo del 1900[24] Poincaré precede Einstein sul concetto di tempo "locale" misurato da un osservatore in moto ed espone la metodica della sincronizzazione mediante segnali luminosi di orologi situati in punti diversi dei sistemi inerziali, puntualmente riprodotta dallo stesso Einstein nel suo lavoro fondamentale del 1905. Rileva acutamente Tyapkin al riguardo: «Queste spiegazioni coincidevano alla lettera con quelle date in un articolo di Poincaré del 1900 e concernenti il significato fisico del tempo "locale" di Lorentz»[25]. Aggiunge Feuer: «Durante il Congresso Internazionale delle Arti e delle Scienze tenuto a St. Louis nel 1904, il famoso matematico francese Henri Poincaré usò (nel suo senso fisico) l'espressione "principio della relatività". Fu forse il primo a farlo...»[26].

Bisogna dunque concordare con Pais: «È praticamente certo, comunque, che Einstein prima del 1905 fosse a conoscenza del discorso di Poincaré a Parigi del 1900, e che avesse letto anche la sua osservazione del 1898 sulla natura non intuitiva dell'uguaglianza fra due intervalli temporali»[27]. Risulta quindi comprensibile e giustificata l'amarezza di Poincaré nell'essere stato eliminato di netto e senza riconoscimento da parte di Einstein (al fine di nascondere il furto commesso da quest'ultimo sul piano del popperiano *mondo 3*: l'essere stato, cioè, parzialmente derubato delle proprie idee), come risulta chiaro dalle parole di Pais: «Secondo me, il fatto che Poincaré abbia ignorato Einstein fino a poco tempo prima di morire è più significativo del fatto che Einstein abbia a sua volta ignorato Poincaré fino a poco tempo prima di morire»[28].

Rileva Luigi Galgani: «Einstein entrò, quasi letteralmente, nello spirito di Poincaré, e come si potrebbe dire ed egli stesso infatti ebbe a dire, "si sostituì" a Poincaré»[29]. Altre testimonianze si trovano – oltre al pregevole lavoro di Mamone Capria citato[30] – in A.A. Tyapkin, *Relatività speciale*, op. cit.; E. Whittaker, *A History of the Theories of Aether and Electricity*, New York 1989; e specialmente in C.J. Bjerknes,

Albert Einstein: The Incorrigible Plagiarist, Illinois 2002 e A. Kelly, *Challenging Modern Physics: Questioning Einstein's Relativity Theories*, Boca Raton 2005, pp. 6 e sgg. Le ultime ricerche storiche portano a un gemellaggio tra Einstein e Poincaré. Oggi sappiamo che nonostante il primo abbia cercato di depistare le tracce di inseguimento verso il secondo, in fondo e da sempre la stima di Einstein era immensa verso il suo maestro. Egli lo considerava «un genio, al punto addirittura da emularlo in alcuni passaggi logici. Famosa è la sua frase, riportata nell'autobiografia: "Io non copio Poincaré, io sono Poincaré"» (G. Greison, *Dove nasce la nuova fisica*, Milano 2016, p. 22). In ogni caso, bisogna ammettere che «the relation between Einstein and Poincaré is one of the most intriguing episodes in the history of science, one shrouded in mystery and controversy» (J. Canales, *The physicist and the philosopher : Einstein, Bergson, and the debate that changed our understanding of time*, Pricenton 2015, p. 73. Il capitolo VI rimane estremamente interessante per la ricca riflessione dimensionata sull'argomento e le relative ricerche storiche).

▲

Riprendiamo adesso il discorso sul celeberrimo esperimento di Michelson e Morley. Si tratta sostanzialmente della seguente idea: la Terra, durante il suo moto di rivoluzione intorno al Sole, avrebbe dovuto necessariamente "sbattere" contro quell'oceano di aristotelica memoria chiamato *etere* (si parlò appunto di "vento d'etere"), il quale veniva concepito come "rigido" e immobile rispetto alla totalità dell'universo (in pratica come una "spazio sostanziale"). Così, in modo del tutto gratuito e senza sforzo, i nostri laboratori terrestri si dovrebbero trovare automaticamente nella condizione di un osservatore *mobile* nell'etere. Ed essendo questo il mezzo di propagazione della luce – così come l'aria lo è per il suono – dovrebbe essere possibile in linea di principio, con osservazioni ottiche di precisione, cioè attraverso tecniche interferometriche, constatare l'anisotropia della velocità della luce rispetto all'osservatore in movimento.

Michelson, nel 1881 progettò un dispositivo sensibilissimo (per il quale ventisei anni dopo ottenne il premio Nobel) funzionante tramite fasci luminosi separati ortogonalmente da uno specchio semitrasparente e poi ricongiunti, in modo da misurare le cosiddette frange d'interferenza dovute alla variazione di velocità di una parte dei fasci a causa del vento d'etere. Il congegno, all'apparenza elementare e di evidenza immediata, cominciò a lievitare col tempo una serie di dubbi e perplessità sempre crescenti, fino a smascherare l'ingenuità metodologica di intere schiere di scienziati ritenuti eccelsi che avevano fin dal primo impatto dato credito assoluto alla spiegazione germinale dello stesso Michelson[31]. Venne ripetuto con maggiore accortezza e precisione insieme al chimico Morley nel 1887, ma ebbe lo stesso risultato negativo: del vento d'etere nessuna traccia!

A quasi tre secoli di distanza dalla prima rivoluzione scientifica sembrava che la Terra si volesse vendicare per averla fatta decentrare ed esiliare in una periferia sperduta dell'Universo: se l'etere esisteva, la Terra doveva essere in quiete rispetto ad esso ed occupare quella posizione privilegiata che le era stata tolta. Uno smacco intollerabile per la comunità scientifica, la quale non ipotizzò neanche per un attimo l'idea di fare marcia indietro: nessuno osò formulare l'idea, neanche lontanamente o soltanto teoreticamente, filosoficamente…

Mentre scienziati di grosso calibro come FiztGerald, Larmor, Lorentz, Poincaré cercavano una spiegazione *dinamica* e causale dell'assenza delle frange, un giovanotto tedesco di nome Einstein e fino allora sconosciuto mise in subbuglio l'intero *establishment* scientifico con due postulati divenuti in seguito celeberrimi: 1) le leggi della fisica devono avere la stessa forma in tutti i riferimenti inerziali; 2) la velocità della luce nel vuoto è la stessa sia che questa sia emessa da una sorgente in quiete che da una in moto. Aggiunse pure la seguente affermazione: «L'introduzione di un "etere luminifero" si manifesterà superflua, tanto più che la concezione che qui illustreremo non avrà bisogno di uno "spazio assolutamente stazionario" corredato di particolari proprietà, né di un vettore velocità assegnato a un punto dello spazio vuoto nel quale abbiano luogo processi elettromagnetici»[32].

L'etere, dunque, venne "assassinato", come Einstein ammetterà in seguito assieme a Leopold Infeld: «Il risultato del celebre esperimento di Michelson e Morley fu un 'verdetto di morte' per la teoria di un oceano d'etere immobile attraverso il quale tutta la terra si muoverebbe»[33]. Commenta con penetrazione uno dei primi relativisti, amico di Einstein (e coautore di testi sull'argomento), il quale con gli anni prenderà le distanze sempre più marcatamente dai concetti einsteiniani: «Qui Einstein ha fatto la sua seconda assunzione…, la quale ci dice che non esiste un etere rispetto al quale la velocità abbia un significato, in modo tale che tutti gli stati di moto uniforme dei corpi fossero equivalenti. Ciò era in diretto contrasto con l'assioma fondamentale di Maxwell, come si evince dalla lettura del suo lavoro fondamentale, il quale assumeva l'esistenza di un etere rispetto al quale la velocità di un corpo veniva definita. La luce consisteva di vibrazioni in questo etere, il quale godeva di proprietà fisiche ed era anche determinabile in via di principio. Quello che Einstein ha proposto, quindi, è stato quello di ritenere la velocità finita della luce senza l'esistenza di qualunque standard rispetto al quale tale velocità avesse un significato. La luce consistente di onde, con una precisa lunghezza, frequenza e velocità, … era intessuta di "nulla"; era come trovare [parafrasando *Alice nel paese delle meraviglie* (si ricordi lo *Stregatto*)] il "sorriso" del "gatto del Cheshire" privo del gatto stesso»[34].

Vedremo più avanti come la rinuncia all'etere abbia coinvolto quella alla "sostanzialità" e all'"intuizione", indirizzando le nascenti teorie fisiche verso il matematismo astratto e il vuoto formalismo. Adesso ci preme rilevare tre punti fondamentali per la storia della scienza e per quanto andremo ad aggiungere più avanti, tracciati dallo stesso Einstein nel suo lavoro fondamentale del 1905 e apparentemente interdipendenti e consequenziali l'uno con l'altro, in realtà logicamente sconnessi e solo epistemologicamente parzialmente legati[35]. Si tratta di tre concetti per i quali Einstein è diventato famoso, insieme all'altro che esprime la relazione tra massa ed energia: la relativizzazione della simultaneità, la dilatazione del tempo, la "simmetrizzazione" delle trasformazioni di Lorentz. Nonostante le apparenze di "deduzioni" o conseguenze necessarie, si tratta in realtà di tre assunzioni poste dallo stesso Einstein a fondamento della sua teoria e che annidano al loro interno (nonché nella loro "interazione") dei falsificatori logici potenziali (FLOP).

Note

1   G. Holton, *Thematic Origins of Scientific Thought. Kepler to Einstein*, Londra 1973 e 1988.

2   Cfr. *Lettera di Michele Besso ad Albert Einstein del 3 agosto 1952*, in *Einstein's Collected Papers*, Vol. II, p. 309.

3   Cit. in D. Overbye, *Einstein innamorato*, Milano 2002, p. 168.

4   A. Einstein, *L'elettrodinamica dei corpi in movimento*, in Albert Einstein, *Opere scelte*, a cura di Enrico Bellone, Torino 1988, p. 148.

5   G. Holton, *L'immaginazione scientifica*, Torino 1983.

6   Cfr. D. Overbye, *Einstein innamorato*, Milano 2002, pp. 66-7.

7   Ibidem. Si veda pure p. 109, e anche A. Pais, *«Sottile è il Signore…». La scienza e la vita di Albert Einstein*, op. cit., p. 61.

8   M. Mamone Capria, *La crisi delle concezioni ordinarie di spazio e di tempo: la teoria della relatività*, op. cit., p. 299.

9   A. Pais, *«Sottile è il Signore…». La scienza e la vita di Albert Einstein*, op. cit., p. 34.

10 Cfr. D. Overbye, *Einstein innamorato*, op. cit., p. 115; anche A. Pais, op. cit., p. 61.

11 A. Pais, op. cit., p. 153.

12 M. Mamone Capria, *La crisi delle concezioni ordinarie di spazio e di tempo: la teoria della relatività*, op. cit., p. 300.

13 L.S. Feuer, *Einstein e la sua generazione. Nascita e sviluppo di teorie scientifiche*, Bologna 1990, pp. 97-98.

14 Ivi, p. 161.

15 Ibidem.

16 A. Pais, *Einstein è vissuto qui*, Torino 1995, p. 117.

17 H. Poincaré, *A proposito della teoria di Larmor* (1895), in Jules Henri Poincaré, *Scritti di fisica-matematica*, a cura di U. Sanso, Torino 1993, p. 321.

18 Ivi, p. 286.

19 U. Bottazzini, *Poincaré: il cervello delle scienze razionali*, Milano 1999, p. 1.

20 H. Poincaré, *La Mesure du Temps*, in *Revue de Métaphysique et de Morale*, 6 :1, 1898.

21 A. Pais, *«Sottile è il Signore…»*, op. cit., p. 142.

22 H. Poincaré, *La scienza e l'ipotesi*, Bari 1989, pp. 107-8.

23 Ivi, p. 207.

24 H. POINCARÉ, *La théorie de Lorentz et le principe de réaction*, «Archives Néerlandaises des Sciences exactes et naturelles», serie II, vol. 5.

25 A.A. TYAPKIN, *Relatività speciale*, op. cit., p. 79.

26 L.S. FEUER, *Einstein e la sua generazione...*, op. cit., p. 123.

27 A. PAIS, *«Sottile è il Signore...»*, op. cit., p. 150.

28 Ivi, p. 186.

29 L. GALGANI, *Einstein e Poincaré*, in V. FANO (a cura di), *Fondamenti e filosofia della fisica*, Cesena 1996, p. 7.

30 M. MAMONE CAPRIA, *La crisi delle concezioni ordinarie di spazio e di tempo: la teoria della relatività*, op. cit.

31 Per un approfondimento v. R. V. MACRÌ, *I FLOP nella trattazione relativistica del tempo*, op. cit., p. 255; e M. MAMONE CAPRIA - F. PAMBIANCO, *On the Michelson-Morley Experiment*, «Foundations of Physics», 34, n.6, 1994; e soprattutto R. V. MACRÌ, *L'esperimento di Michelson e Morley: elementi eclissati ed ermeneutica emergente*, preprint.

32 A. EINSTEIN, *L'elettrodinamica dei corpi in movimento*, 1905, op. cit., p. 149.

33 A. EINSTEIN - L. INFELD, *L'evoluzione della fisica*, Torino 1965, p. 183. Nella pagina successiva dello stesso testo viene suggerito di «dimenticare» e «non pronunciarne più il nome» (ivi, p. 184). Dunque, niente di strano se Einstein viene visto come *il distruttore dell'etere*. Scrive Pais al riguardo: «Solo Einstein vide la novità cruciale: l'etere dinamico doveva essere abbandonato in favore di una nuova cinematica basata su due nuovi postulati» (A. PAIS, *«Sottile è il Signore...». La scienza e la vita di Albert Einstein*, op. cit., p. 34). Sennonché Einstein è il re della contraddizione, come attesta il lettore attento che non si arresta alla sola lettura "ufficiale" e come dimostreremo in parte più avanti. Si suol leggere nei testi divulgativi che «Albert Einstein divenne la figura più rappresentativa della fisica moderna tagliando il nodo della questione dell'etere con la acutezza della sua logica e gettando i frammenti contorti dell'etere cosmico dalla finestra del tempio della fisica» (G. GAMOW, *Biografia della fisica*, Milano 1998, 171). All'interno di altri lavori meno famosi dello stesso Einstein però si scorge il logorio interiore e il ripensamento, quasi come il rimorso dell'assassino, con vari tentativi di recupero dell'etere. Nella biografia di Einstein di Philipp Frank viene citata una frase "maliziosa" che riesce, però, a tastare il polso sull'argomento: «Per molto tempo sono stati fatti degli sforzi per convincerci del fatto sensazionale che l'etere era stato eliminato, ed ora lo stesso Einstein lo reintroduce; quest'uomo non deve essere preso sul serio, si contraddice costantemente» (L. KOSTRO, *Einstein e l'etere. Relatività e teoria del campo unificato*, op. cit., p. 9). Per i "travagli", i ripensamenti e le

metamorfosi del pensiero einsteiniano su tale concetto si rimanda al prezioso lavoro di Ludwik Kostro appena citato e a R.V. Macrì, *I tre livelli delle teorie fisiche*, in R.V. Macrì (a cura di), *I fondamenti della relatività*, Lecce 2016.

34 H. Dingle, *Science at the Crossroads*, op. cit., p. 155.

35 Semmai, come dimostreremo nel prossimo capitolo, sono logicamente connessi in modo "invertito" rispetto alle aspettative di Einstein. Per quanto riguarda una prima parziale indipendenza logica dei tre punti si può partire dagli scritti di un relativista convinto come Hans Reichenbach (H. Reichenbach, *Filosofia dello spazio e del tempo*, Milano 1977) per arrivare a quelli di un relativista non più convinto come Franco Selleri, uno dei "grandi" nel panorama internazionale, (F. Selleri, *Clock synchronization and relativity*, in F. Selleri (a cura di), *Fundamental Questions in Quantum Physics and Relativity*, Palm Harbor 1993; pure fondamentali i seguenti lavori dello stesso autore: *Theories equivalent to special relativity*, in M. Barone - F. Selleri (a cura di), *Frontiers of Fundamental Physics*, London – New York 1994; *Noninvariant one-way velocity of light*, «Found. Phys.», 26:641, 1996; *Noninvariant one-way speed of light and locally equivalent reference frames*, «Found. Phys. Lett.», 10:73, 1997; *The relativity principle and the nature of time*, «Found. Phys.», 27:1527, 1997; *Space and Time are better than Spacetime*, (I e II), in K. Rudnicki (a cura di), *Redshift and Gravitation in a Relativistic Universe*, Montreal 2001; *Open Questions in Relativistic Physics*, Montreal 1998; *La fisica del novecento. Per un bilancio critico*, Bari 1999; *Lezioni di relatività. Da Einstein all'etere di Lorentz*, Bari 2003; *La relatività debole. La fisica dello spazio e del tempo senza paradossi*, Milano 2011).

VI

Il concetto di FLOP
e i punti deboli della Relatività

Un nuovo concetto epistemologico, capace di incrementare il livello di contrasto e percezione analitica nelle teorie fisiche, è stato ultimamente proposto dal presente autore[1] e preso in seria considerazione nel settore della fisica relativistica e quantistica[2]. Si intende in questo modo potenziare quel tentativo di recupero, all'interno della scienza, della componente filosofica rimasta agonizzante o atrofizzata durante gli ultimi tempi, nobile meta della Grecia antica e della Scolastica. Va infatti imputato, a nostro avviso, al progressivo impoverimento filosofico (sia nel senso di analfabetismo "contenutistico", sia in quello sillogistico "formale" così degenerato da far pensare a «un indebolimento e un generale decadimento della ragione»[3]) se l'*irrazionale*, l'*anti-intuitivo*, l'*assurdo* hanno preso piede così tanto nella letteratura scientifica contemporanea[4].

Un esempio palpabile di quanto stiamo dicendo, sta nelle parole del nobel Richard Feynman, uno dei più grandi fisici di ogni tempo: «Le cose di cui vi parlerò le insegniamo agli studenti di fisica degli ultimi anni di università: ora, voi pensate che io riuscirò a spiegarle in modo da farvele capire? Ebbene, no, non le capirete. Perché, allora, farvi perdere del tempo? Perché tenervi qui seduti, se non sarete in grado di capire ciò che dirò? Per convincervi a non andar via solo perché questa conferenza vi risulta incomprensibile, vi dirò che anche i miei studenti di fisica non capiscono queste cose. E non le capiscono perché non le capisco nemmeno io. Il fatto è che non le capisce nessuno. [...] Alcune delle cose che vi dirò vi... [sembreranno] incredibili, inaccettabili, impossibili da mandar giù. [...] I fisici hanno imparato a convivere con questo problema: hanno cioè capito che il punto essenziale non è se una teoria piaccia o non piaccia, ma se fornisca previsioni in accordo con gli esperimenti. La ricchezza filosofica, la facilità, la ragionevolezza di una teoria sono tutte cose che non interessano. Dal punto di vista del buon senso l'elettrodinamica quantistica descrive una natura assurda. Tuttavia è in perfetto accordo con i dati sperimentali. Mi auguro quindi che riuscirete ad accettare la Natura per quello che è: assurda»[5].

Quello che manca negli attuali curricoli scientifici è – per dirla con le parole di Jacques Maritain – la «mancanza di solida base filosofica»[6], che a sua volta avvelena quel «clima di interesse reciproco fra fisici e filosofi che oggi sicuramente non c'è – almeno dei primi verso i secondi»[7]. Come sottolinea Feynman senza esitazione: «La ricchezza filosofica, la facilità, la ragionevolezza di una teoria sono tutte cose che non interessano»[8].

Ettore Majorana aveva già analizzato con profondità la questione: «Intanto le scienze, specializzatissime, ritengono di non aver da preoccuparsi minimamente di tali questioni [le basi concettuali, i fondamenti] che con disprezzo dichiarano psicologiche. Né hanno da preoccuparsi di questioni logiche e di problematiche filosofiche»[9]. L'acume filosofico e scientifico del Majorana era avvertito e temuto da molti: si trattava di un genio profondissimo la cui passione per la fisica non poteva certo esaurire le sue risorse mentali, filosofiche e spirituali che andavano ben al di là dell'orizzonte scientifico. «"Il Grande Inquisitore è un metafisico", così lo etichettano i suoi amici...»[10]. Uno dei grandi fisici italiani dell'era di Fermi, Bruno Pontecorvo, porta un'incisiva testimonianza di quanto appena delineato: «Majorana possedeva già una erudizione tale ed aveva raggiunto un tale livello di comprensione della fisica da potere parlare con Fermi di problemi scientifici da pari a pari. Lo stesso Fermi lo riteneva il più grande fisico teorico dei nostri tempi. Spesso ne rimaneva stupito»[11]. Enrico Fermi poi attesterà: «Al mondo ci sono varie categorie di scienziati; gente di secondo e terzo rango, che fanno del loro meglio ma non vanno lontano. C'è anche gente di primo rango, che arriva a scoperte di grande importanza, fondamentale per lo sviluppo della scienza. Ma poi ci sono i geni come Galileo e Newton. Ebbene Ettore era uno di quelli. Majorana aveva quel che nessun altro al mondo ha» (Ettore Majorana, *Scientific Papers*, edited by G.F. Bassani and the Council of the Italian Physical Society, Bologna 2006, p. xxvi).

Risultano, dunque, estremamente rilevanti le osservazioni e le riflessioni di Ettore Majorana sul nucleo epistemologico della scienza dell'epoca: «C'è nella filosofia della scienza d'oggi quasi un'immensa diffidenza della natura. Forse, direbbe Federico Nietzsche, un nuovo spirito apollineo che ha paura della verità naturale, e vuole costruire qualcosa di puro, di razionale, di immateriale, per cui il rigore logico, la dimostrazione matematica, il calcolo sublime darebbero la misura del vero. In questo modo si riduce il problema della scienza a mera costruzione ipotetico-deduttiva, la quale conduce a conclusioni necessarie e forzose sulla base di asserzioni ipotetiche ritenute sicure e incontestabili»[12]. E ancora: «Quel ch'è certo è che i nostri docenti non colgono mai l'essenziale delle questioni e infilzano un teorema dietro l'altro, senza minimamente preoccuparsi di chiarire criticamente quel che di mutante sta avvenendo nella concezione della scienza moderna. Ma se andassi a esporre queste cose all'Università, potrei solo fare, se ne avessi il coraggio, la fine di Boltzmann: suicidarmi»[13].

Diceva Platone che «chi è capace di vedere l'intero è filosofo, chi no, no», contrariamente al sentire contemporaneo, il quale sembra voler spezzare in modo tanto deciso quanto irresponsabile il nesso storico ed epistemologico tra scienza e filosofia, dimenticando che la prima è figlia della seconda: «La filosofia e la scienza sono assai più intimamente legate che non credano gli scienziati che disprezzano la prima e i filosofi che ignorano la seconda», come scrive uno dei rari fisici non deprivato delle conoscenze filosofiche[14].

Dall'importanza di riposizionare la scienza all'interno della filosofia, ribaltando lo schema post-einsteiniano, nasce l'esigenza e la materializzazione del FLOP. Il nostro concetto di *falsificatore logico potenziale* (FLOP) prende le mosse dall'analisi popperiana sul cosiddetto *falsificatore potenziale*[15], sfociando però in un programma più teoretico e audace: ogni teoria può nascondere al suo interno dei salti concettuali, buche logiche, ragionamenti difettosi, paralogismi, antinomie, incompatibilità tra supposizioni implicite e postulati espliciti, i quali verranno alla luce improrogabilmente ma non necessariamente "adesso": "prima o poi", "potenzialmente". Viene dunque suggerito di denominare come FLOP la classe di tutti *quei falsificatori latenti di tipo puramente logico o formale*, tramite i quali, nello stato affiorante o emergente, la teoria si rende contraddittoria e incoerente[16].

In modo del tutto generale, il FLOP è l'elemento che smaschera e rivela le sfuggenti, potenziali, occulte, subliminali buche logiche annidate internamente. Mentre il falsificatore potenziale popperiano è prevalentemente empirico e induttivo, emergente tramite il baconiano *experimentum crucis,* il FLOP è esclusivamente logico, filosofico, concettuale, deduttivo. Laddove il primo qualifica un sistema come scientifico, il secondo lo rende incoerente e contraddittorio: una teoria è razionale se è esente da FLOP.

Lapalissiana risulta la relazione parentale del suddetto concetto con quello di *incoerenza logica.* D'altra parte il concetto prende le mosse dalla nuova intelaiatura epistemologica che si è venuta a creare con Einstein circa l'utilizzo massiccio e l'enormità del peso concettuale del cosiddetto *esperimento mentale* o "Gedankenexperiment", neutralizzando così ogni tentativo di addurre al neologismo la caratteristica di ridondanza. In altri termini, il FLOP è un "contro-esperimento" mentale, capace di invalidare, vanificare o confutare le tesi di partenza, laddove una teoria ripone fiducia e aspettative nel Gedankenexperiment, come quella di Einstein.

Il FLOP è in fondo una risposta coerente e omogenea a «quell'approccio verificazionista che, adottato da Einstein al momento di creare la relatività ristretta... si sarebbe poi trasformato in oggetto di vera avversione dopo essere divenuto il motore filosofico della concezione irrealista e indeterministica alla base della nuova meccanica di Bohr, Born e Heisenberg»[17].

Addentrarsi in un Gedankenexperiment significa entrare in una folta landa di argomentazioni, di ragionamenti, di assunzioni implicite e a volte occulte (cioè mai emerse alla luce del sole, mai chiarite in modo definitivo), ma significa anche aspettarsi l'emersione di un FLOP da un momento all'altro. Si potrebbe parafrasare: «Chi di Gedankenexperiment ferisce, di FLOP perisce!», e non si tratta di un'esagerazione; se la validità di un concetto deriva dall'applicabilità di determinate operazioni, e queste dalla loro *pensabilità,* allora, in linea di principio, diventa consequenziale la possibilità teorica di una determinata operazione astratta o immaginaria che invalidi l'argomentazione adottata anteriormente, individuando, cioè, il FLOP celato. Il *singolo x* crea, e il *singolo y* distrugge.

Basterebbe qui ricordare i titanici duelli "a colpi di *Gedankenexperiment*" tra Einstein e Bohr, i quali fecero epoca[18]. In genere Einstein elaborava un certo esperimento mentale, convinto della sua coerenza intrinseca, mentre Bohr si divertiva a trovare il FLOP annidato e a distruggere l'intera impalcatura einsteiniana con un contro-esempio. La filosofia del *Gedankenexperiment* inabissò l'intera metafisica della novella *teoria dei quanti,* fino a consolidarsi come piattaforma epistemologica della seconda rivoluzione scientifica. Una valutazione critica dimensionata sull'argomento appare tanto urgente quanto lacunosa nel panorama della moderna epistemologia, e tanto si potrebbe fare, come testimonia un'analisi di Popper «sull'uso e abuso degli esperimenti immaginari, specialmente nella teoria dei quanti»[19].

Si noti che a volte possono passare decenni prima che il FLOP annidato salti a galla. Scrive Franco Selleri: «Il FLOP più famoso è quello del teorema di J. von Neumann che "dimostrava" l'impossibilità di una riformulazione causale della meccanica quantistica. Formulato nel 1932, il teorema era matematicamente rigoroso, ma aveva una fondamentale debolezza di impostazione (insufficiente generalità degli assiomi) che ha dovuto aspettare le ricerche di Bohm e Bell (1966) per essere smascherata. Per più di trent'anni c'era una buca logica, ma nessuno se n'era accorto! E tuttavia il grande prestigio di von Neumann, aiutato dalle esplicite dichiarazioni di altri grandi personaggi, ottenne in pratica, per molto tempo, il risultato di proibire l'attività scientifica nella direzione della causalità e del realismo. Ecco dunque dei fattori extralogici al lavoro, in accordo con la tesi di Macrì. Quando Bohr, Heisenberg, Born e Pauli dichiaravano che il teorema di von Neumann rendeva impossibile un completamento causale della teoria dei quanti, andavano al di là di ciò che comprendevano razionalmente, altrimenti avrebbero visto i gravi limiti del teorema. Le loro affermazioni nascevano dalla convenienza e non da un processo logico ineccepibile. Oggi il teorema è superato e il re è nudo...»[20].

In altri termini, nonostante il disconoscimento e l'opacità filosofica predominante da parte della comunità scientifica, la Relatività è costellata da connessioni e collegamenti filosofici, così come un neurone lo è dalle sinapsi, a tal punto che diventa giustificato qualificare Einstein come filosofo oltre che come scienziato[21]. Ed è proprio nella veste di filosofo che Einstein "mise mano" alla *trattazione relativistica della simultaneità*: essa compare infatti all'inizio del saggio del 1905, prima ancora di aver scritto le trasformazioni di Lorentz e aver dato forma matematica alla teoria.

L'esempio è lampante: uno dei cardini della fisica pre-relativistica, l'esistenza del tempo assoluto, viene demolita sulla base di principi logico-filosofici privi di formule matematiche. Diventa, altresì, legittimata (oltre che motivata) per il medesimo motivo l'azione indagatrice del filosofo che volesse attaccare (così come fece Bergson[22]) col puro ragionamento le argomentazioni di Einstein: ha il diritto e la possibilità di poterlo fare, nonostante l'"altolà" ingiustificato della "guardia matematica" di turno.

E in effetti, nei primi decenni del secolo, ci fu una così grande serie di attacchi «dai filosofi... e 'dimostrazioni' di presunte fallacie logiche, a tal punto che nella sezione dedicata alla relatività del Congresso Internazionale di Filosofia tenutosi a Napoli nel 1924 il presidente, che era il matematico Jacques Hadamard, fece "accettare il principio secondo cui non doveva essere consentito di mettere in discussione alcun argomento di carattere puramente logico contro la relatività ristretta"»[23], principio che Ettore Majorana non digerì!

«Il fatto che la Relatività Ristretta di Einstein sia... inattaccabile dal punto di vista matematico – scrive Majorana – non giustifica che il grande matematico Hadamard presiedendo la sezione Relatività del Congresso Filosofico di Napoli 1924, abbia fatto accettare il principio che qualunque argomentazione di carattere puramente logico contro la prima relatività einsteiniana non debba più venir neppure presa in considerazione e messa in discussione. Però anch'io non dovrei parlarne più, se non voglio dare le dimissioni da *fisico teorico*»[24].

L'atteggiamento di chiusura dogmatica di una teoria scientifica come la Relatività invita a considerazioni sociologiche oltre che epistemologiche. Tutto fa sembrare che la mancanza di senso critico all'interno della teoria sia indice di quell'impoverimento filosofico già discusso, di quell'analfabetismo che ha reso ciechi quei "fanciullini" della scienza. «La storia del successo della relatività, come l'abbiamo ricapitolata, con tutti i suoi equivoci, incertezze, e decisioni frettolose, deve costituire un monito nei confronti dei tentativi, troppe volte ripetuti, di dichiarare chiusa prematuramente la discussione nella scienza. Del resto, abbiamo ogni ragione di pensare che la trasformazione della sua teoria in dogma non sarebbe piaciuta ad Einstein, il quale era non meno pronto ad opporsi alle opinioni ricevute che consapevole dei limiti di ogni teoria. I biografi ci hanno parlato della sua disponibilità a entrare in dialogo anche con scienziati eccentrici o amatoriali. Acutamente uno di loro ha individuato in ciò un'importante differenza fra Einstein e i 'normali' scienziati, che esibivano (ed esibiscono) un grande disprezzo nei confronti di quel tipo di interlocutori e che cercano in tal modo di dissimulare la propria incapacità di "confutare le ingegnose obiezioni fatte da dilettanti alle teorie scientifiche"»[25], puntualizza Marco Mamone Capria. Il rimando è diretto al fisico, matematico e filosofo austriaco Philipp Frank, noto esponente del Circolo di Vienna, il quale dedica un intero paragrafo intitolato "La relazione [di Einstein] con gli studenti" nel suo notevole contributo alla figura del padre della Relatività (*Einstein - His life and Times*, New York 1947, pp. 117-8): «C'era anche una grande differenza tra l'atteggiamento di Einstein e quello dei suoi colleghi nei confronti delle peculiari domande pseudo-scientifiche che i professori universitari ricevono spesso per posta dai dilettanti della scienza. Einstein era straordinariamente paziente nell'affrontarle, e sotto molti aspetti era più facile per lui che per la maggior parte degli altri scienziati. Molti professori, anche eccezionali, sono così immersi nelle loro idee che è difficile per loro comprendere idee che si discostano da quelle tradizionali, o che sono semplicemente espresse in modo diverso da quelle comunemente usate nei libri scientifici. Questa difficoltà si manifesta spesso nell'odio o nel disprezzo per i dilettanti, poiché i professori sono spesso incapaci di confutare le ingegnose obiezioni dei dilettanti alle teorie scientifiche. Di conseguenza danno l'impressione di incompetenza e di falsità della "scienza accademica". Einstein, d'altra parte, non considerava molto grandi le differenze tra il profano e il professionista. Gli piaceva affrontare ogni obiezione e non aveva nessuna delle reticenze che rendono tale lavoro così difficile per gli altri». Pure Feuer ricorderà quella «ingenua indulgenza con cui Einstein concedeva attenzione a qualunque cosa dicesse chiunque»[26].

I punti deboli e *filosoficamente* trattabili sono molti nella teoria di Einstein, in particolare quando – seguendo l'invito del fisico Michele La Rosa – si «provi a spogliare la teoria di Einstein della ricca veste matematica ed a tradurre in linguaggio concreto, cioè in idee e concetti, i mirabolanti risultati nascosti nelle formule abbaglianti»[27]. Se, però, proviamo ad isolare solo la classe "diretta" o "germinale" – cioè i "semi contaminati" presenti nel saggio del 1905 che in seguito avrebbero fruttificato in miriadi di incongruenze e paralogismi – possiamo restringere il campo alla *relativizzazione della simultaneità, la dilatazione del tempo* (insieme al cosiddetto *paradosso dei gemelli*), *la "simmetrizzazione" delle trasformazioni di Lorentz*[28]: quanto basta per avere come conseguenze dirette la perdita dello spazio (e della sua struttura euclidea) e del tempo assoluto, la perdita dell'intuizione, del senso comune e un indebolimento fatale delle certezze[29], la perdita della continuità leibniziana[30], della causalità e del realismo, del libero arbitrio, la tendenza all'*iperspazio* (spazi a *n* dimensioni, recentemente si è arrivati a 950 dimensioni[31]) e all'astrazione (astrusità) matematica (fino a farla diventare «forza razionalizzatrice diretta»[32]), al relativismo, alla metafisica verificazionista (operazionista, neoempirista) e ai cosiddetti *viaggi nel tempo*. Se l'albero si vede dai frutti...

INTERLUDIO ▼

La metafisica verificazionista dichiara che senza oggetti non c'è spazio, senza moto non c'è tempo. Non desta meraviglia, allora, la perplessità di schiere di filosofi che vedono la messa in crisi delle categorie "a priori", o meglio, *ontologicamente primarie* dello spazio e del tempo. Se spazio e tempo non fossero altro che puri derivati della materia in quanto nessi relazionali di questa – «relazioni tra cose materiali», direbbe un Leibniz accompagnato in coro da un Mach – dovrebbe essere possibile dedurre le loro proprietà da quelle della materia: ma questo si è dimostrato impossibile; è, anzi, vero il contrario: non può costruirsi alcuna fisica senza degli opportuni modelli matematici di spazio e tempo che esprimano parametricamente il divenire delle cose.

Cosa nasconde, dunque, il velo del verificazionismo?: «Il tempo è soltanto ciò che viene misurato in un certo modo da strumenti che per comune accordo i fisici chiamano "orologi", secondo procedure molto ben definite, e similmente per lo spazio in ordine alle misure di lunghezze», spiega Umberto Bartocci, una delle menti più profonde che abbiano indagato sul rapporto tra la nuova fisica e le ordinarie categorie mentali. La sua acuta descrizione continua: «La nuova teoria guadagnò così il consenso dei fisici sperimentali, che videro le regole di misura inserite alla base stessa della fisica; dei matematici... che apprezzarono il fatto che la matematica "superiore" da essi astrattamente elaborata (spazi a n dimensioni, etc.) fosse utilizzata in modo essenziale nella formulazione di una teoria fisica; ma soprattutto ad essa fecero eco tutti coloro che furono lieti di veder così crollare, come non più adeguate alla realtà naturale, le categorie ordinarie (o del senso comune) dello spazio e del tempo, che pure avevano tanto ben servito gli essere umani per tutto il periodo precedente Einstein e i suoi esperimenti mentali – allo stesso modo che molti furono lieti di veder crollare dopo Darwin la fino allora pretesa centralista dell'essere umano, con il conseguente suo inserimento nel regno animale»[33].

Le nuove frontiere della scienza "post-einsteiniana", dopo il trattamento di Gödel alle teorie di Einstein, ci invitano ai cosiddetti "viaggi nel tempo": potremo viaggiare nel futuro[34] e nel passato, «a ritroso in un universo parallelo e là uccidere i nostri genitori prima che ci concepiscano»[35]. Eccoci arrivati al nocciolo della tematica che ci accingiamo ad affrontare.

Note

1   R.V. Macrì, *I FLOP nella trattazione relativistica del tempo*, op. cit.

2   F. Selleri, *Lezioni di relatività. Da Einstein all'etere di Lorentz*, op. cit., p. 148 sgg.; v. anche F. Selleri, *Introduzione*, in F. Selleri (a cura di), *La natura del tempo*, op. cit., pp. 30-1. In particolare, F. Selleri, *La relatività debole. La fisica dello spazio e del tempo senza paradossi*, Milano 2011, pp. 49 sgg. Sul fronte matematico cfr. G. Furnari, *Tre articoli per un mistero*, Lulu. com 2009, pp. 110 – 186; G. Furnari, *Da Zenone a Cantor*, Milano 2013, pp 79 sgg..

3   J. Maritain, *Antimoderno*, Roma 1979, p. 50. Maritain ha denunciato con enfasi e in più passaggi il dramma di come si sia oramai arrivati al punto di non saper «più tirar la conclusione di un sillogismo» (ivi, p. 51). Scrive il grande pensatore francese: «Il mondo moderno produce e consuma una straordinaria quantità di derrate intellettuali. Non ci sono mai stati tanti autori, tanti professori, tanti ricercatori, tanti laboratori e strumenti, tanto talento, tanta carta. Ma se vogliamo stimare le cose dalla qualità, e non dal peso, si vedrà ciò che esso in realtà è, e si rimarrà spaventati dalla diminuzione dell'intelligenza. L'Intelligenza in senso comune, l'agilità nell'agitar parole, è ben presente, e regna; ma l'intelligenza vera è soltanto una mendicante scacciata da ogni luogo» (ivi, p. 50). Tant'è che secondo la profonda analisi di Maritain bisogna addirittura difendere la stessa ragione dal contagio dominante della scienza: «Qualche anno fa ci si divertiva a dire: *Difendi la tua pelle contro il tuo medico*. Il mondo moderno è costretto ora di dire a se stesso, e con maggior ragione: *Difendi la tua ragione contro gli scienziati*» (J. Maritain, *La metafisica dei fisici ossia la simultaneità secondo Einstein*, «Rivista di filosofia neoscolastica», 16, 1923, p. 327).

4   Per una denuncia dell'*assurdo* all'interno delle teorie fisiche contemporanee cfr. P.C. Landucci, *Einstein confutato dalla fondamentale esperienza di Michelson*, «Studi Cattolici», 249, 1981, p. 731; e, soprattutto, J. Maritain, *La metafisica dei fisici…*, op. cit.

5   R.P. Feynman, *QED: la strana teoria della luce e della materia*, Milano 1989, pp. 24-5.

6   J. Maritain, *La metafisica dei fisici ossia la simultaneità secondo Einstein*, op. cit., p. 327.

7   M. Mamone Capria, *La crisi delle concezioni ordinarie di spazio e di tempo…*, op. cit., p. 363.

8   R.P. Feynman, *QED…*, op. cit., p. 25.

9   Cit. in U. Bartocci, *La scomparsa di Ettore Majorana: un affare di stato?*, Bologna 1999, p. 85.

10 U. Bartocci, *La scomparsa di Ettore Majorana...*, op. cit., p. 84.

11 E. Recami, *Il caso Majorana*, Milano 1991, p. 22.

12 Cit. in U. Bartocci, *La scomparsa di Ettore Majorana...*, op. cit., p.88.

13 Ivi, p. 84.

14 A. Garbasso, *Scienza realistica*, in J. de Blasi (a cura di), *Scienza e poesia*, Firenze 1934, p. 220.

15 Nella sua *Logik der Forschung*, pubblicata a Vienna nell'autunno del 1934, Karl Popper veniva a creare un vero e proprio punto di svolta contro il *verificazionismo*: capovolgendo le posizioni concettuali di quest'ultimo, faceva entrare in scena per la prima volta il metodo *falsificazionista*, il quale consiste appunto nel «prendere in considerazione possibili falsificatori invece di possibili verificatori» (K.R. Popper, *Logica della scoperta scientifica*, Torino 1970, p. 82). Emergeva in questo modo e per la prima volta all'interno del pensiero scientifico maturato nei secoli, il concetto di "falsificatore potenziale": una teoria, per confermarsi "scientifica", deve contenere dei falsificatori potenziali (in altri termini, deve poter essere potenzialmente smentibile), ed esiste proporzionalità fra la massa o l'affollamento di questi ultimi e la proprietà o caratteristica di "scientificità" della stessa. Per le analisi e le argomentazioni oramai celeberrime di Popper si rimanda al testo fondamentale appena citato (in particolare pp. 22 e 76).

16 Per un approfondimento del concetto si rimanda, naturalmente, a R. V. Macrì, *I FLOP nella trattazione relativistica del tempo*, op. cit.

17 M. Mamone Capria, *La crisi delle concezioni ordinarie di spazio e di tempo...*, op. cit., pp. 377-8. «Il verificazionismo sostiene che una proposizione qualsiasi è dotata di senso se e solo se è possibile indicare in linea di principio un metodo per verificarla. Esso adotta quindi un criterio di verità che è essenzialmente epistemico: la verità di una proposizione non trascende i mezzi cognitivi di cui disponiamo per asserirla. [...] La posizione opposta, quella cioè per cui una proposizione è vera o falsa indipendentemente dalle nostre capacità di stabilire quale dei due valori di verità le appartenga, è in genere denominata realismo. Una strategia verificazionista è all'origine [...] della critica allo spazio assoluto newtoniano [...]. La critica concettuale di Einstein, che all'epoca della formulazione della relatività ristretta era sotto l'influenza delle filosofie di David Hume e Ernst Mach, presupponeva dunque un punto di vista verificazionista: la verifica diretta della simultaneità tra due eventi può darsi solo quando gli eventi sono spazialmente quasi coincidenti» (G. Boniolo - M. Dorato, *Dalla relatività galileiana alla relatività generale*, in G. Boniolo (a cura di), *Filosofia della fisica*, Milano 1997, p. 48).

18 Si protrassero per circa trenta anni e conobbero i loro momenti di più intensa teatralità durante le Conferenze Solvay del 1927, 1930 e 1933. Si veda uno dei capolavori di George Gamow, *Trent'anni che sconvolsero la fisica* (op. cit., pp. 115-7), per un esempio emblematico di quanto accennato.

19 K.R. POPPER, *Logica della scoperta scientifica*, p. 501. Un lucido resoconto del titanico duello tra Einstein e Bohr si trova in M. KUMAR, *Quantum*, Milano 2010, pp. 276 e sgg. Per un approfondimento del concetto di gendankenexperiment e del suo pesante impatto sulla fisica einsteininiana si rimanda a R.V. MACRÌ, *Anatomia del Gedankenexperiment*, in R.V. MACRÌ (a cura di), *I fondamenti della Relatività*, Lecce 2016.

20 F. SELLERI, *Introduzione*, in F. SELLERI (a cura di), *La natura del tempo*, op. cit., pp. 22-3.

21 Cfr. E. BELLONE, *Il maggior filosofo del Ventesimo secolo*, op. cit., p. 5.

22 In effetti Henri Bergson, nel suo *Durata e simultaneità* del 1922 (H. BERGSON, *Durata e simultaneità (a proposito della teoria di Einstein) e altri testi sulla teoria della Relatività di Henri Bergson*, a cura di P. Taroni, Bologna 1997) attacca Einstein anche dal fronte del concetto di simultaneità, e non solo da quello del paradosso dei gemelli (sul quale Bergson, a sua volta, è contrattaccato dai relativisti). Approfondiremo più avanti tale problematica.

23 M. MAMONE CAPRIA, *La crisi delle concezioni ordinarie di spazio e di tempo...*, op. cit., p. 364.

24 Cit. in U. BARTOCCI, *La scomparsa di Ettore Majorana...*, op. cit., p. 90.

25 M. MAMONE CAPRIA, op. cit., p. 397.

26 L.S. FEUER, *Einstein e la sua generazione...*, op. cit., p. 36.

27 M. LA ROSA, in A. KOPFF, *I fondamenti della relatività einsteiniana*, Milano 1923, pp. 351. Questo nostro illustre fisico ha più volte richiamato l'attenzione dei suoi colleghi circa «le spaventevoli demolizioni che la teoria [della relatività] ha largamente seminato nel campo dei concetti più generali» (ivi, p. 352), trovando una corrispondenza di vedute con la classe più colta e filosoficamente raffinata dei fisici italiani. Tra i più stimati ci piace ricordare: Augusto Righi, Carlo Somigliana, Cesare Burali Forti, Quirino Majorana (zio di Ettore Majorana), Michele Cantone. Col tempo però, quasi seguendo la linea di Max Planck quando afferma che gli oppositori prima o poi «muoiono e una nuova generazione si familiarizza con la nuova teoria sin dall'inizio», ai tentativi di confutazione si sostituirono quelli di assorbimento.

28 È di quanto andremo a occuparci più avanti, nel presente lavoro.

29 «Le istanze epistemiche generali del pensiero fisico subirono trasformazioni profonde; cosicché, ad esempio, quelle nozioni oggettivistiche e metafisiche forti che furono le Verità, le Leggi e i Principi della Natura nel volge-

re di pochi decenni furono abbandonate e rimpiazzate da nozioni deboli, soggettivistiche e pragmatistiche, quali sono le rappresentazioni, le leggi e i modelli matematici copiosamente fioriti sul diramato albero della fisica teorica contemporanea» (R. NOBILI, *La cognizione dello spazio e il principio di dualità*, op. cit., p. 5). Per un approfondimento sulla tematica dell'*indebolimento* causato dalle nuove teorie a partire dalla relatività si veda R. V. MACRÌ, *Relativismo e pensiero debole: la perdita del fondamento*, «Episteme», n.1, 2000.

30 Dal trattamento dei moti circolari e "quasi-inerziali" (cfr. F. SELLERI, *On the existence of a physical and mathematical discontinuity in relativistic theory*, in *Open Questions in Relativistic Physics*, op. cit.; e anche, dello stesso autore, *Space and Time are better than Spacetime*, (I e II), op. cit.) fino alla perdita della corrispondenza micro-macro cosmo, specchio di quel "procedimento analogico" che verrà definitivamente abbattuto con le nuove teorie post-einsteiniane (cfr., del presente autore, *La detronizzazione della metafisica...*, op. cit., pp. 464 sgg.).

31 Cfr. F. SELLERI, *Fondamenti della fisica moderna*, Milano 1992, p. 67.

32 Ivi, p. 62.

33 U. BARTOCCI, *Albert Einstein...*, op. cit., pp. 37-8.

34 Cfr. P. DAVIES, *Come costruire una macchina del tempo*, Milano 2003.

35 J. BARBOUR, *La fine del tempo. La rivoluzione fisica prossima ventura*, Torino 2003, p. 335.

VII

Il tempo: il cuore della Relatività

«Ardo dal desiderio di penetrare in questo intricatissimo miste-ro»[1]. Così tanto Sant'Agostino era affascinato dall'enigma più imper-scrutabile e antico, la realtà del tempo, dove persino il linguaggio «si blocca davanti all'esigenza di doverne parlare»[2]. Egli aveva fatto del suo interrogativo un avvertimento: ogni tentativo di risolvere il plurimillenario quesito sulla natura del tempo avrebbe portato ineso-rabilmente ad una specie di stordimento, ad uno dei «circuiti chiusi di linguaggio nei quali ci possiamo impantanare all'infinito»[3]. «Pensare il tempo è come arare il mare»[4], ammette nella sua veste di filosofo il fisico Etienne Klein. «Si può addirittura dire – ribadisce Gadamer, il teorico dell'ermeneutica contemporanea – che il problema filosofico è costituito da una domanda che non si riesce a 'formulare'»[5]. E se un Wittgenstein – a distanza di un millennio e mezzo da Agostino – ancora si pone la domanda dell'Ipponese «Dove va il presente quando diventa passato, e dov'è il passato?», un Heidegger arriva a chiedersi addirittura se non esista una sorta d'identità tra *essere e tempo*[6].

In effetti, non v'è stato pensatore significativo, dall'antichità ai nostri giorni, che non abbia fatto del confronto con il mistero del tempo un momento essenziale del suo stesso filosofare. Già ai tempi di Plotino il problema del tempo era ritenuto *"vecchio"* e conti-nuamente risollevato, come commenta nel settimo libro della terza *enneade*: «Molte cose sono state dette da molti nostri predecessori su ciascuna questione [e] se si esponesse quanto è stato detto di passaggio su questi problemi si scriverebbe veramente una storia…»[7].

Il pensiero filosofico antico e moderno è costellato da miriadi di sforzi e meditazioni nel tentativo di "afferrare" il tempo: da Parmenide e Zenone che segnano il tempo come parvenza soggettiva fino a Kant e all'idealismo tedesco che lo trasfigureranno in pura forma della sensibilità o intuizione; da Democrito Epicuro Lucrezio, che lo degradano ad «accidente di accidenti»[8] fino al convenzionalismo di un Mach che lo trasformerà in «un inutile concetto "metafisico"»[9]. Da Platone che traspone il tempo come «l'immagine mobile dell'eternità»[10] a Bergson che lo "spiritualizza" e lo rende nucleo della coscienza; da Aristotele che lo pone come «numero del movimento secondo il prima e il dopo»[11] allo «Spatium, tempus, extensio et motus non sunt res, sed modi considerandi fundamentum habentes»[12] di Leibniz; da Plotino che osserva come il tempo non è «la misura del movimento dell'universo»[13] ma semmai «l'universo è nel tempo»[14], al *tempo assoluto* di Newton: «in sé e per sua natura senza relazione ad alcunché di esterno, scorre uniformemente»[15].

Eppure, come ben sottolinea Klein, «tutte queste presunte definizioni del tempo sono in realtà solo delle immagini, delle traslazioni o delle metafore, perché tutte presuppongono, a monte, l'idea del tempo»[16]. Nonostante ciò il XX secolo ha conosciuto una definizione inedita e *operazionale*[17] del concetto di tempo ad opera di Albert Einstein, il quale spoglierà tale nozione di ogni contenuto metafisico: da *causa* per il movimento dell'orologio, il tempo diventerà – in un certo senso – *effetto* del movimento di quest'ultimo. Diventeranno operazionali perfino i concetti di passato, presente e futuro, e, come se non bastasse, verrà messo in crisi il concetto stesso di causalità[18].

La rivoluzione einsteiniana creerà una nuova e ardita *Weltbild*[19] che porterà in modo subliminale e progressivo ad una serie di *Weltanschauungen* ipnotiche e febbricitanti di futuro utopico, di novità cronolatriche, «che fanno della verità o delle formulazioni concettuali una funzione del tempo»[20]. Dopo l'innesco dato da Einstein, il maestoso edificio della scienza aprirà le porte al 'fantastico' e al 'bizzarro', facendo della caratteristica risposta di Niels Bohr – data a quanti gli esponevano nuove idee sulla risoluzione dei tanti enigmi della *teoria dei quanti* – un vero e proprio slogan, un contrassegno che perdurerà fino ai nostri giorni: «La sua teoria, caro signore, è folle, ma non lo è abbastanza per essere vera!»[21]. Nasceranno così i nuovi concetti esotici della fisica: spazi curvi fino a ben 950 dimensioni, universi paralleli, fotoni "coscienti", buchi neri virtuali, energia negativa, bosoni fantasma, "curve temporali chiuse" e viaggi nel tempo! Il motto della nuova scienza è quello stesso di Jean Le Rond d'Alembert: «Allez en avant, la foi vous viendra».

Concezioni millenarie ritenute inaccessibili e inviolabili – come il tempo – perderanno la loro sacralità e saranno rivoltate ed esaminate sotto il microscopio del neoempirismo. Passo dopo passo, fase dopo fase, la sovraumana realtà del tempo deporrà ogni veste di trascendenza e di unicità per sottoporsi alla verifica operazionale dell'*osservatore* dal camice bianco: «La relatività ristretta ha messo in discussione l'idea che esista un tempo unico che scorre indipendentemente dall'osservatore, favorendo la tesi metafisica secondo cui il passare del tempo è una sorta di illusione soggettiva. La meccanica statistica ha fatto intravedere la possibilità di ricondurre l'enigmatica nozione di "direzione del tempo" al concetto di entropia. La relatività generale ha reso possibile concepire dei veri e propri viaggi nel tempo»[22].

Si comprende, allora, come tutto ciò abbia avviato una sorta di rivoluzione gnoseologica, dove ogni fondamento viene guardato con sospetto e destinato ad un vicino o lontano, ma inesorabile, esaurimento: appunto quel fenomeno acutamente analizzato da Jacques Maritain che egli stesso ha denominato come *cronolatria epistemologica*[23]. Di *tensione al fantastico* si nutre ormai ogni immagine del mondo contemporanea. Lavori e pubblicazioni scientifiche d'avanguardia, anche su autorevoli riviste, portano spesso e volentieri l'insegna dell'incredibile addomesticato e presto raggiungibile, del chimerico conquistato e a breve realizzato, dell'inverosimile reso attualmente attendibile, dell'assurdo finalmente concepibile; insomma – 'gaussianamente' parlando – dell'«impossibile reso possibile»[24].

Dinanzi a un tale quadro epistemologico e credo collettivo – dove il grottesco diventa legittimo e accreditato, dove la "massa colta" rimane folgorata ed entusiasmata per l'inaudito che prende forma e si concretizza, in un manifesto programmatico che impone «di tendere al risultato, di abituare la gente ad accettare l'assurdo, e a perdere ogni fiducia nel senso comune»[25] – è facile caderne vittima: è la stessa "collettività scientifica" che si fa garante! A meno che non si abbia una forte autonomia di pensiero mista al coraggio di andare controcorrente: è il caso di una schiera di pensatori, scienziati e filosofi, che, smaltito lo choc del primo impatto, sono arrivati con convinzione e fermezza al ribaltamento di ciò che la comunità scientifica aveva accolto. Di questa lunga schiera ricorderemo in particolare tre figure di grande rilievo: Henri Bergson (1859 – 1941), Jacques Maritain (1882 – 1973), Herbert Dingle (1890 – 1978). Essi hanno avuto l'audacia di gettare un guanto di sfida al creatore e protettore delle nuove teorie del tempo, e pur sconfitti nel duello accademico, hanno tuttavia lasciato un'eredità fatta di profonde intuizioni, di tracce preziose, di «ricerche [che] ci lasciano una perla rara»[26].

INTERLUDIO ▼

Se Jacques Maritain se l'è cavata con una mezza tirata d'orecchie, finendo nel "cofanetto dei ricordi" di Roberto Maiocchi, il quale, quasi a mo' di rimprovero, sottolinea come l'intero «ambiente neotomista sarà perseverante nel criticare la teoria einsteiniana»[27], per Bergson e Dingle le cose si sono messe nel peggiore dei modi. Dopo la frase lapidaria di Einstein – «Gott verzeih ihm» (Dio perdonalo) – Bergson venne pian piano isolato e posto come bersaglio di un grande attacco di discreditamento ad opera della collettività scientifica.

La reazione del padre della relatività avvenne in seguito ad uno storico dibattito: il 6 aprile 1922 Bergson e Einstein si incontrarono in una seduta della *Société française de Philosophie*. In tale occasione, Einstein, su invito del *Collège de France*, tenne una conferenza sulle sue teorie, e Bergson, nel proprio intervento, sollevò critiche su più di un aspetto della relatività[28]. Fra i presenti al convegno, oltre ad Einstein e Bergson, v'erano i matematici Elie Cartan, Jacques Hadamard e Paul Painlevè, i fisici Jean Becquerel e Paul Langevin, i filosofi Léon Brunschvicg, Édouard Le Roy ed Émile Meyerson.

Qualche mese dopo, come se non bastasse, il filosofo francese pubblicò un intero libro sulla questione, *Durée et simultanéité: à propos de la théorie d'Einstein*, che, per una strana coincidenza, venne dato alle stampe proprio nello stesso anno in cui Einstein riceveva il premio Nobel per i suoi lavori sull'effetto fotoelettrico (ma non per la teoria della relatività!), come fu esplicitamente detto nella motivazione letta da Arrhenius nel dicembre 1922, nel giustificare la propria cautela nei confronti della relatività. In quella occasione, Arrhenius citò il filosofo Bergson, autore del libro suddetto in cui criticava la teoria di Einstein.

Dal '22 in poi Bergson subirà attacchi di ogni genere per aver preso posizione contro «l'autorità per eccellenza» (alla morte di Einstein, nell'aprile 1955, il «Washington Post» pubblicò una vignetta raffigurante la frazione di cosmo in cui si trova la Terra, e sul nostro pianeta era riportata una targa che annunciava «Albert Einstein lived here»). Ricorda Ilya Prigogine, in un'intervista del 2002: «[Bergson] fece una pessima figura. Ho conosciuto alcuni suoi amici, che mi hanno detto che non si è più ripreso da quella sconfitta». Scienziati di grosso calibro, come Tullio Regge, ancor oggi non perdono occasione di ricordare che «il libro in questione non fu incluso nella raccolta delle opere di Bergson pubblicata nel 1970. Un bel tacer non fu mai scritto»[29]. Sottoscrive al riguardo Piergiorgio Odifreddi nell'introduzione ad un classico della relatività: «Bergson [...] aveva dimostrato [...] la sua ottusità pubblicando nel 1922 *Durata e simultaneità*: [...] il filosofo intendeva, modestamente, confutare la teoria fisica della relatività! Certo Bergson era all'altezza di Russell come scrittore: infatti vinse pure lui il premio Nobel per la letteratura, nel 1927. Ma le stupidaggini rimangono stupidaggini anche quando sono ben scritte»[30]. Sokal e Bricmont: un «esempio della maniera in cui un celebre filosofo possa commettere errori in ambito fisico a causa dei propri pregiudizi filosofici»[31]. Cagliano: «Durata e simultaneità (oggi giustamente alle ortiche)», e aggiunge: «Un esempio di come una pregevole cultura filosofica possa portare a pregevoli errori scientifici»[32]. Vedremo più avanti, al contrario, come una pregevole cultura scientifica, monca della controparte filosofica, possa portare non solo a spregevoli pecche filosofiche, ma addirittura a veri e propri errori scientifici[33].

Per quanto riguarda Herbert Dingle andò pure peggio: la comunità scientifica decretò nei suoi riguardi una vera e propria congiura del silenzio. Nessuna traccia di lui come scienziato, e neanche come filosofo! È raro trovare uno scienziato o un filosofo che ne abbia sentito parlare. Nonostante fosse amico e compagno di Einstein – collega stimato – ciò lo ha reso invisibile come «l'ombra di colui che fece... il gran rifiuto» – per citare Dante, *Inf.*, canto III, vv. 59-60. Eppure poteva andare peggio, come capitò a Louis Essen (1908-1997), l'inventore dell'orologio atomico, che perse il Nobel per aver fatto due lavori antirelativistici![34]

Avremo modo di vedere, nel presente lavoro, che se il pensiero einsteiniano ha potuto imporsi così massicciamente sulle cristalline e filosofiche osservazioni dei critici, ciò è da addebitarsi in buona parte alla "copertura", alla fascinazione e al potere di uno speciale linguaggio in stile criptico in auge all'interno della comunità scientifica: il linguaggio della matematica[35]. Dal «*Nihil certi habemus in nostra scientia nisi nostram mathematicam*» del Cusano è passato mezzo millennio, e anche se nell'ultimo secolo la matematica ha subito la cosiddetta *crisi dei fondamenti*[36], ridimensionando le aspettative di un Hilbert, un Russell o un Whitehead, e nonostante il ghigno sarcastico di un Gödel, questa possiede ancora il prestigio di "regina delle scienze" – per usare una nota formula di Gauss – e la sottomissione riverente di ogni altro settore della scienza, e, dopo Einstein, anche della filosofia.

Se può essere in parte condivisibile l'affermazione di Kant che in una teoria «si può trovare tanta scienza *propriamente detta*, quanta è la matematica che vi si trova»[37], è molto meno tollerabile l'immenso potere coercitivo che la matematica offre a chi si ammanta del suo simbolismo per conferire alle proprie idee un sovrappiù di persuasione e dignità intellettuale.

Nella nostra epoca, infatti, alla trasparenza del pensiero logico-razionale, impossibilitato ad apparire "nudo" per mancanza di omologazione, viene avviluppato un esasperato formalismo matematico tale da conferire alle stesse teorie un surplus di scientificità, prestigio, autenticità e autorevolezza, diversamente mal riconosciute e approvate. Spesso linee di pensiero inconsistenti o estremamente deboli vengono rivestite di un forzato simbolismo per ricevere credibilità, impressionando e intimidendo così l'ignaro lettore[38]. Scriveva il grande Eulero nel 1768: «Quando però i dotti si vantano di conoscenze tanto sublimi, rimane per lo meno molto sospetto che non riescano poi a renderle intelligibili»[39]. La famosa affermazione di Niccolò Copernico, «*Mathemata mathematicis scribuntur*»[40], non può essere, dunque, più accettata: se la matematica moderna assurge ad una dimensione iper-semantica, trascendendo e travolgendo quella iper-sintattica da sempre riconosciutale, allora non possiamo lasciare l'esclusiva della relativa "decodifica" ai matematici[41]. È questa, in sintesi, la lezione lasciata dai nostri tre filosofi.

A questo invito si associa uno dei nostri fisici illustri, Michele La Rosa, quando ci esorta «a spogliare la teoria di Einstein della ricca veste matematica ed a tradurre in linguaggio concreto, cioè in idee e concetti, i mirabolanti risultati nascosti nelle formule abbaglianti»[42] per poter poi dire, parafrasando le parole dello stesso Einstein, «come la metterebbero in ridicolo i non fisici se potessero seguire il suo curioso sviluppo»[43].

Il presente lavoro intende dare un contributo nella direzione della sollecitazione appena espressa, tentando di neutralizzare lo "scudo matematico" posto a mo' di *cintura protettiva lakatosiana*[44] nel "toccare da vicino" la semantica midollare dei concetti relativistici del tempo. Fondamentali, per tale scopo, sono le nozioni esaminate precedentemente. In particolare rivestono importanza determinante i concetti di *Principio di relatività, Moto Epistemicamente Determinato e Indeterminato, Frame swap, Falsificatore Logico Potenziale.*

INTERLUDIO ▼

Con la scienza moderna, secondo Gaston Bachelard, si è rivelato l'«homo mathematicus»: infatti la matematica è l'asse della scoperta scientifica, come dimostrano le scienze fisiche dopo Einstein. Non solo. «Siamo di fronte – egli dice – a una vera dialettica. Si procede sistematicamente negando il postulato di analisi cartesiana, esattamente nello stesso modo in cui si sviluppa la geometria non-euclidea negando il postulato di Euclide»[45]. Raffinati modelli matematici hanno pian piano assunto la guida non solo durante la creazione dei modelli fisici, ma addirittura durante il relativo processo ermeneutico, ridando splendore a Pitagora e all'affermazione del suo discepolo Filolao: «Senza il numero non sarebbe possibile pensare né conoscere alcunché»[46] .

Sotto questa luce le parole di Dirac (1931) appaiono paradigmatiche: «Il più potente metodo di avanzamento che può essere suggerito oggi è quello di impiegare tutte le risorse della matematica pura, nel tentativo di perfezionare e generalizzare il formalismo matematico che costituisce la base esistente della fisica teorica, e, dopo ogni successo in questa direzione, di tentare di interpretare le nuove forme matematiche in termini di entità fisiche»[47]. Scrivono due brillanti scienziati come Changeux e Connes in *Pensiero e materia*: «La cultura occidentale è caratterizzata da una sorta di mito della matematica, dalla fede, forse dovuta a Pitagora, in una sua virtù esplicativa e quasi trascendente. A molte persone, descrivere in termini matematici una struttura sintattica o delle relazioni di parentela sembra già una "spiegazione" sufficiente»[48].

In effetti, c'è un motivo potente sotto la "divinizzazione" della matematica nella nostra epoca: usando le parole del premio nobel Eugene Wigner, esiste una «*irragionevole efficacia della matematica nelle scienze naturali*». In altri termini, funziona! Nessuno sa perché, ma funziona. Diventa un problema invece sapere se la matematica deve assumere la guida nella fisica. Dirac non ha alcun dubbio: è la matematica il timone della fisica. Un errore fatale. Ecco come si consuma, in conclusione, il più importante dei «Four Outstanding Errors» analizzati da Dingle: il «mastery, instead of the servitude, of mathematics in relation to physics»[49].

Appare, cioè, sottovalutato nella nostra epoca il pericolo di una matematica "cabalistica" che – usando i termini di Bacone – «generi» e «procrei» la scienza stessa. Dirac è stato il promotore, più di ogni altro, di questa tendenza contemporanea nella scienza. Le sue parole appaiono paradigmatiche: bisogna «scoprire prima le equazioni e poi, dopo averle esaminate, gradualmente imparare ad applicarle»[50]. Non è quello che sta succedendo, ad esempio, nella *Teoria delle stringhe*? Non stiamo forse costruendo una «Physics in the shadow of Mathematics», come sottolinea Pyenson?[51] D'altra parte, come armonizzare queste affermazioni con quella autorevole di un matematico come Bertrand Russell?: «La matematica può essere definita come la materia nella quale non sappiamo mai di che cosa stiamo parlando, né se ciò che stiamo dicendo è vero»[52]. O come direbbe un Feynman in *The Character of Physical Law*: «I matematici trattano solo della struttura del ragionamento, e non si interessano veramente di quello di cui stanno parlando. Non devono neppure sapere quello di cui stanno parlando, o, come essi dicono, se quello di cui parlano è vero»[53].

In effetti, il formalismo matematico non permette di asserire o di negare la plausibilità fisico-logico-filosofica di una teoria. Come giustamente sottolinea Bridgman: «Ogni sistema di equazioni può comprendere solo una piccolissima parte della situazione fisica effettiva: dietro le equazioni vi è uno sfondo descrittivo enorme, tramite il quale esse stabiliscono legami con la natura»[54]. Allora perché «scoprire prima le equazioni e poi, dopo averle esaminate, gradualmente imparare ad applicarle»?[55] Forse perché infettati dal cosiddetto «Morbus mathematicorum recens» – per citare Friedrich Ludwig Gottlob Frege (1848 – 1925), insigne matematico, logico e filosofo tedesco. Come ha osservato Maritain, «la scienza moderna, più che una conoscenza propriamente detta», rischia di diventare «una specie di arte e di logica fabbricatrice»[56].

Note

1   S. Agostino, *Le confessioni*, Alba 1978, p. 392.

2   E. Klein, *Il tempo esiste?*, Siena 2006, p. 15.

3   Ibidem.

4   Ivi, pp. 13-14.

5   H.G. Gadamer, *L'enigma del tempo*, Bologna 1996, p. 79. L'illustre filosofo morto nel 2002 all'età di 102 anni – autorità indiscussa della filosofia contemporanea, membro fin dal 1979 del Comitato Scientifico dell'Istituto Italiano per gli Studi Filosofici di Napoli, città di cui diventò cittadino onorario nel 1990 e dove annualmente tenne lezioni e seminari in uno stato di «seconda giovinezza», come egli stesso lo definì – aveva la netta percezione che «le scienze naturali moderne», quelle stesse che lui aveva visto fiorire lungo il '900, hanno lasciato «inevasa» la domanda sull'«essere» del tempo. La «spazializzazione del tempo» non può "catturarne" l'essere, direbbe Bergson nel confermare la tesi di Gadamer, come vedremo più avanti.

6   «L'esserci, compreso nella sua estrema possibilità d'essere, è il tempo stesso, e non è nel tempo» (M. Heidegger, *Il concetto di tempo*, 1924, Milano 1998, p. 40); e nel suo capolavoro *Essere e tempo* scrive: «Il tempo si rivela forse come l'orizzonte dell'essere?» (M. Heidegger, *Essere e tempo*, 1927, Milano 1976, p. 520).

7   Plotino, *Enneadi*, Milano 2002, III 7, 10.

8   Sesto Empirico, *Adv. Math.*, X, 219, in Epicuro, *Opere*, Torino, 1983, p. 337. Lucrezio confermerà la tesi di Epicureo affermando che «il tempo non esiste di per sé, ma dalle cose stesse deriva il senso di ciò che è trascorso nei secoli» (Lucrezio, *De rerum natura*, Milano 1997, I, vv. 459-460).

9   E. Mach, *La meccanica nel suo sviluppo storico-critico*, Torino 1977, p. 241.

10 Platone, *Timeo*, Roma-Bari 1974, x 37d.

11 Aristotele, *Fisica*, Milano 1995, IV, 219 b, 3-4.

12 *Opuscules et fragments inédits de Leibniz*, Paris 1903, p. 522, citato in E. Cassirer, *Storia della filosofia moderna*, Torino 1955, p. 219. Si veda pure Leibniz, *Verità prime*, in *Scritti di metafisica*, in G.W. Leibniz, *Scritti filosofici*, a cura di Omero Bianca, vol. I, Torino 1967, p. 188.

13 Plotino, *Enneadi*, op. cit., III 7, 10.

14 Ivi, III 7, 12.

15 I. Newton, *Principi matematici della filosofia naturale*, Torino 1965, pp. 105-6.

16 E. Klein, *op, cit.*, p. 15.

17 *Operazionale* o, anche, *operativa*, deriva dalla dottrina filosofica definita "operazionismo", formulata dal fisico americano Percy Williams Bridgman negli anni '20, secondo la quale i concetti basilari delle scienze esatte e in genere di tutte le forme di effettiva conoscenza non sono oggetto di una visione teoretica, ma frutto di un insieme di operazioni fisiche che danno loro un contenuto empirico. Concetti ritenuti universali, come appunto il tempo, hanno – per l'operazionismo – un puro e semplice valore nominalistico, almeno fino a quando non corrispondano ad una serie di *operazioni empiriche* (empirismo estremo). Approfondiremo più avanti l'argomento e la sua parentela col pensiero einsteiniano.

18 Cfr., ad esempio, P.W. Bridgman, *La logica della fisica moderna*, op. cit., p. 163; G. Boniolo e M. Dorato, *Dalla relatività galileiana alla relatività generale*, in Boniolo (a cura di), *Filosofia della fisica*, Milano 1997, p. 78; G. Arcidiacono, *Relatività ed esistenza*, Roma 1973, pp. 113-115; L. Fantappié, *Relatività e concetto di esistenza*, in G. Arcidiacono, *op. cit.*, p. 177; G. Castelfranchi, *Fisica moderna atomica e nucleare*, Milano 1959, p. 447; F. Selleri, *Fondamenti della fisica moderna*, Milano 1992, p. 62; M. Dorato, *Futuro aperto e libertà. Un'introduzione alla filosofia del tempo*, Roma-Bari 1997, pp. 150 sgg. e 213-214; R. Bodei, *Presentazione*, in M. Dorato, *op. cit.*, pp. XIII-XV; M. Pauri, *La descrizione fisica del mondo e la questione del divenire temporale*, in Boniolo (a cura di), *Filosofia della fisica*, op. cit., pp. 275 sgg. e 287 sgg.; P. Turetzky, *Time*, London – New York 1998, pp. 146 sgg.; P. Yourgrau, *Un mondo senza tempo. L'eredità dimenticata di Gödel e Einstein*, Milano 2006, pp. 134 sgg.; J. Barbour, *La fine del tempo*, Torino 2003, pp. 162 sgg. e 256; U. Bartocci, *Fondamenti della teoria dei numeri reali*, in F. Selleri e V. Tonini (a cura di), *Dove va la scienza. La questione del realismo*, Milano 1990, p. 177; W. Heisenberg, *Fisica e filosofia*, Milano 1994, p. 212; C. Altavilla, *Fisica e filosofia in Werner Heisenberg*, Napoli 2006, pp. 71 sgg. e 118-125.

19 Il termine tedesco *Weltbild* (neutro) viene recepito nella letteratura scientifico-filosofica come "costruzione del mondo" nel senso scientifico o naturale e, a volte, viene indicato con genere maschile (*il* Weltbild). Qui abbiamo preferito usarlo come femminile (in quanto *costruzione*) così come normalmente si fa pure col termine *Weltanschauung* (= visione del mondo, concezione della vita).

20 J. Maritain, *Il contadino della Garonna*, Brescia 1977, p. 16.

21 «Sotto questo profilo, il vero successo della teoria dei quanti consiste nell'essere stata costruita fuori, anzi, per lo più contro la ragione ordinaria. È per questo che c'è qualcosa di "folle" in tale teoria, qualcosa che va oltre la scienza stessa» (J. Guitton - G. e I. Bogdanov, *Dio e la scienza*, Milano 1992, p. 88).

22 V. Fano - I. Tassani, *L'orologio di Einstein. La riflessione filosofica sul tempo della fisica*, Bologna 2002, p. 9.

23 Si tratta di un concetto che occupa un posto centrale nella meditazione maritainiana degli ultimi anni della sua vita, e che risulta più attuale che mai. Per un approfondimento si rimanda a R. V. Macrì, *Relativismo e pensiero debole: la perdita del fondamento*, op. cit. e, dello stesso autore, *La detronizzazione della metafisica secondo Maritain e il nichilismo contemporaneo*, op. cit.

24 Frase ben conosciuta dal sommo matematico Johann Carl Friedrich Gauss (1777 - 1845), in quanto, in un certo senso, fu egli stesso l'iniziatore di un tale percorso. Famoso per aver addomesticato "l'impossibile" *radice quadrata di -1*, aprì la porta dell'universo matematico ai cosiddetti *numeri immaginari*, «quantità impossibili», come le definì Eulero, il più grande matematico di tutti i tempi. Nonostante la messa in guardia e il rigetto come "entità assurde" da parte di una serie di grandi matematici oltre allo stesso Eulero, come Francis Masères, William Frend, Augustus De Morgan, Cartesio, Newton, Berkeley, Leibniz, Carnot, ecc., l'establishment matematico ne restò affascinato e convinto. Come scrisse Poincaré nel 1899: «Talvolta la logica genera mostri» (M. Kline, *Storia del pensiero matematico*, vol. II, Torino 1996, p. 1136). In effetti i numeri immaginari "funzionano", e – a sentire la mentalità dei matematici contemporanei – tanto basta per farli entrare con dignità nel mondo di Pitagora. A Gauss, in occasione del suo cinquantesimo di dottorato, gli fu riconosciuto con tanto di congratulazioni: «Lei ha reso possibile l'impossibile» (P.J. Nahin, *An Imaginary Tale. The Story of (the squame root of minus one)*, Princeton 1998, p. 82). Per un resoconto della scoperta delle "quantità impossibili" e del loro impatto sul mondo scientifico, nonché di un loro parallelismo con le scoperte di Einstein e le relative implicazioni, si veda R. V. Macrì, *Neopitagorsmo e relatività*, «Episteme», n.6 (II), 2002.

25 J. Maritain, *La metafisica dei fisici ossia la simultaneità secondo Einstein*, op. cit., p. 327.

26 F. Selleri, *Tempo relativo e simultaneità assoluta*, «Atti del XVI Congresso di Storia della Fisica e dell'Astronomia», Como 23-24 maggio 1996.

27 R. Maiocchi, *Einstein in Italia. La scienza e la filosofia italiane di fronte alla teoria della relatività*, Milano 1985, p. 188.

28 Cfr. *Discussione con Einstein* (6 aprile 1922), in H. Bergson, *Durata e simultaneità (a proposito della teoria di Einstein)*, Bologna 1997, pp. 171-7.

29 T. Regge, *Infinito. Viaggio ai limiti dell'universo*, Milano 1995, p. 99.

30 P. Odifreddi, *Introduzione a un ABC*, in B. Russell, *L'ABC della relatività*, Milano 2005, pp. VI-VII.

31 A. Sokal e J. Bricmont, *Imposture intellettuali*, Milano 1999, p. 172.

32 S. Cagliano, *Divulgare una rivoluzione*, in «Le Scienze» n. 443, 2005, p. 114.

33 Un approfondimento del dibattito si ha in P. Taroni, *Bergson, Einstein e il tempo. La filosofia della durata bergsoniana nel dibattito sulla teoria della relatività*, Urbino 1998; e anche in A. Genovesi, *Bergson e Einstein. Dalla percezione della durata alla concezione del tempo*, Milano 2001.

34 L. Essen, *The Special Theory of Relativity: A Critical Analysis*, Oxford 1971; L. Essen, *Relativity - Joke or Swindle?*, «Electronics and Wireless World», 94, 1978. Si veda pure L. Essen, *Relativity and Time Signals*, «Electronics and Wireless World», Oct. 1978.

35 Cfr. U. Bartocci - R.V. Macrì, *Il linguaggio della matematica*, «Episteme», 5, 2002.

36 Cfr. M. Kline, *Matematica: la perdita della certezza*, Milano 1985.

37 I. Kant, *Principi metafisici della scienza della natura*, Milano 2003, A VIII, p. 103. Però, poche righe più avanti viene meglio specificato (in modo più accettabile) che «conterrà solo tanta scienza propriamente detta, quant'è la matematica che può trovarvi applicazione» (ibidem).

38 Eccone un esempio eloquente. Qualche anno fa un fisico americano del dipartimento di fisica di New York, Alan Sokal, architettò una burla ai danni della prestigiosa rivista americana di *cultural studies*, "Social Text", santuario della "transdisciplinarità" postmoderna. Lo scherzo architettato da Sokal – divenuto ormai noto come "il caso Sokal" (si dice che ammontino a circa 90.000 i siti internet che citano il "Sokal Hoax") – era ironico e canzonatorio fin dal titolo del suo articolo: *Trasgredire i confini: verso un'ermeneutica trasformativa della gravità quantistica*. I responsabili della rivista si videro arrivare un articolo infarcito di citazioni dotte, gergo alla moda e tesi bizzarre, il tutto ammantato di simbolismo fisico-matematico per aumentarne la credibilità. Un articolo "schizofrenico" a detta dell'autore, un formidabile miscuglio di «verità, mezze verità, quarti di verità, falsità, non sequitur e proposizioni sintatticamente corrette ma del tutto prive di significato» (A. Sokal, *Trasgressing the Boundaries: An Afterword*, «Dissent» 43(4), 1996, p. 93). Questi lo presero sul serio e lo pubblicarono, al che Sokal li svergognò rivelando di non credere una parola di quel che aveva scritto, anzi di considerarlo assurdo, delirante e ridicolo (a poche settimane di distanza apparve un altro articolo dello stesso autore: *A Physicist Experiments with Cultural Studies*, «Lingua Franca», maggio/giugno 1996, pp. 62-64, dove veniva confessata la burla). Per un approfondimento della vicenda e del suo vertiginoso sviluppo socio-epistemologico si veda A. Sokal e J. Bricmont, *Imposture intellettuali*, Milano 1999. Frutto del dibattito, emergono in modo significativo anche altri due testi, uno *pro* e uno *contro* la tesi di Sokal. Da un lato il libro del

logico G. Lolli, *Beffe, scienziati e stregoni. La scienza oltre realismo e relativismo*, Bologna 1998; dall'altro il libro del filosofo E. Bencivenga, *I passi falsi della scienza*, Milano 2001.

39 L. Eulero, *Lettere a una principessa tedesca*, Torino 2007, lett. 24, p. 83.

40 N. Copernico, *De revolutionibus orbium caelestium*, Torino 1975, p. 22.

41 Come succede, invece, quotidianamente. Scrive il famoso fisico-matematico John Barrow: «La scienza moderna si fonda quasi per intero sulla matematica» (J.D. Barrow, *Teorie del tutto. La ricerca della spiegazione ultima*, Milano 1992, p. 316). Racconta Sommerfeld che, a seguito del successo che ebbe la teoria di Einstein dopo la spedizione dell'«apostolo ispirato della dottrina di Einstein, [...] il grande astronomo inglese Sir Arthur Eddington, [...] nel 1920, un inviato della "Kölnische Zeitung" mi chiese qualche particolare su di essa, gli dissi che non era argomento per il grosso pubblico, sfornito com'è delle conoscenze matematiche necessarie per la comprensione di questa teoria» (A. Sommerfeld, *Per il compleanno di Albert Einstein*, in P.A. Schilpp (a cura di), *Albert Einstein, scienziato e filosofo*, Torino 1958, p. 53).

42 «Chi provi a spogliare la teoria di Einstein della ricca veste matematica ed a tradurre in linguaggio concreto, cioè in idee e concetti, i mirabolanti risultati nascosti nelle formule abbaglianti, non riesce ad altro che a provare le vertigini; e più che per le spaventevoli demolizioni che la teoria ha largamente seminato nel campo dei concetti più generali, di quei concetti che erano la base stessa della nostra conoscenza, per il vuoto affannoso e orribile che essa lascia al loro posto. Noi sentiamo vacillare nella nostra mente le basi stesse della nostra ragione» (M. La Rosa, in A. Kopff, *I fondamenti della relatività einsteiniana*, Milano 1923, pp. 351-352).

43 Lettera di Einstein del 20 maggio 1912, cit. in M. Mamone Capria, *La crisi delle concezioni ordinarie di spazio e di tempo: la teoria della relatività*, op. cit., p. 363.

44 Per Imre Lakatos, famoso epistemologo ungherese (1922 – 1974), il cui contributo alla filosofia della scienza fu un tentativo di risolvere il conflitto che percepiva tra il falsificazionismo di Popper e la teoria dei paradigmi scientifici di Kuhn, gli scienziati difendono il "nucleo" teoretico dai tentativi di falsificazione cingendolo di una serie di ipotesi ausiliarie. Ciò viene solitamente conosciuto con l'espressione "cintura protettiva". Per un approfondimento si rimanda al suo capolavoro riconosciuto, *La metodologia dei programmi di ricerca scientifici*, Milano 2001.

45 G. Bachelard, *L'esperienza dello spazio nella fisica contemporanea*, Messina 2002, p. 26.

46 Diels-Kranz, 44 B 4.

47 P.A.M. Dirac, in D. Monti, *Equazione di Dirac*, Torino 1996, p. 116.

48 J.P. CHANGEUX - A. CONNES, *Pensiero e materia*, Torino 1991, p. 12.

49 H. DINGLE, *Science at the Crossroads*, op. cit., p. 130. È interessante l'intero capitolo. Si veda pp. 121 sgg.

50 P.A.M. DIRAC, op. cit., p. 122.

51 L. PYENSON, *The young Einstein - The advent of relativity*, Bristol-Boston 1985.

52 B. RUSSELL, *La Matematica e i Metafisici*, in *Misticismo e Logica*, Milano 1993, p. 72.

53 R.P. FEYNMAN, *La legge fisica*, Torino 1971, p. 61.

54 P.W. BRIDGMAN, *La logica della fisica moderna*, Torino 1965, pp. 83-4.

55 P.A.M. DIRAC, op. cit., p. 122.

56 J. MARITAIN, *La metafisica dei fisici ossia la simultaneità secondo Einstein*, op. cit., p. 313.

VIII

PREMESSA MAGGIORE

Si può arrivare ad una verità tramite una serie di errori irrisolti? La risposta è affermativa. Ciò è risaputo, specialmente in matematica. Può una teoria scientifica avere erronee basi concettuali e nello stesso tempo arrivare ad una qualche verità? Nonostante venga ignorato dalla gran massa degli scienziati, dopo gli studi di pensatori e filosofi come Duhem, Poincaré, Le Roy, Hanson, Popper, Kuhn, Lakatos, Quine, Feyerabend, ciò è stato dichiaratamente acquisito dall'epistemologia contemporanea. La veridicità del risultato non è garante della coerenza interna di una teoria. Una teoria scientifica può essere falsa e funzionare "perfettamente"!

«Ma in virtù di un duplice mancamento – ammoniva il vescovo e filosofo irlandese George Berkeley (1685–1753) – voi arrivate, sebbene non alla scienza, alla verità»[1]. Di ciò era conscia già la logica antica e medioevale, che proclamava come scoperta fondamentale *«verum sequitur ad quodlibet»*, cioè che il vero può conseguire dal falso e dal contraddittorio. Persino un orologio fermo – si diceva una volta – segnala per ben due volte al giorno l'ora giusta. Ma allora, perché questa tendenza della scienza moderna a fare del successo pratico di un'idea una prova sufficiente della sua validità e verità?

Così assistiamo all'acclamato successo della teoria di Einstein per via del *funzionamento* delle sue formule, dimenticando che le stesse vengono alla luce non solo da altre teorie alternative (ad esempio, quella di Lorentz-Poincaré, come è dimostrato dai numerosi e meritevoli lavori di Franco Selleri, fisico di fama internazionale e docente di fisica teorica al dipartimento di fisica dell'Università di Bari[2]), ma anche da innumerevoli altre mai formulate, specialmente se si tiene conto dell'evidenza delle parole di Richard Feynman: «Many physical pictures can give the same equations»[3].

Ciò sarebbe stato scontato per Henri Poincaré, «il quale ha mostrato che non solo è sempre possibile trovare una spiegazione meccanica di qualunque fenomeno fisico (il programma di Hertz era perfettamente legittimo) ma vi è sempre un numero infinito di tali spiegazioni»[4]. Tale collocazione epistemologica è stata chiarita nella sua opera più famosa, *Science et Hypothése*; ma già ancor prima, in un lavoro del 1899 (*La Théorie de Maxwell et les Oscillations hertiennes*) scriveva: «Si può senza dubbio arrivare a inventare un meccanismo che offra un'interpretazione più o meno perfetta dei fenomeni elettrostatici ed elettrodinamici. Ma, se è possibile immaginarne uno, sarà ugualmente possibile immaginarne un'infinità di altri»[5].

Ciò ricorda in qualche modo la posizione del celebre teologo luterano Andrea Osiander. Nella sua lettera posta a guisa di prefazione al *De revolutionibus* di Copernico, egli adottò «una teoria fenomenistica della scienza»[6]. Secondo Osiander, la scienza – e in particolare l'astronomia – ha per scopo e dovere di "salvare i fenomeni" e non di fornire il meccanismo reale delle cose. «È proprio dell'astronomo infatti – scrive Osiander nella sua prefazione – mettere insieme con osservazione diligente e conforme alle regole, la storia dei movimenti celesti; poi le loro cause, ossia – non potendo in alcun modo raggiungere quelle vere – escogitare e inventare qualunque ipotesi, con la cui supposizione sia possibile calcolare quei medesimi movimenti secondo i principi della geometria, tanto nel futuro quanto nel passato. Ora, l'autore ha assolto egregiamente entrambi questi compiti. Non è infatti necessario che queste ipotesi siano vere, e persino nemmeno verosimili, ma è sufficiente solo questo: che presentino un calcolo conforme alle osservazioni»[7].

Come sottolinea Koyré, «l'astronomo non ha il compito di ricercare le cause sconosciute o i movimenti reali dei pianeti, bensì quello di collegare le sue osservazioni mediante ipotesi, che permettano di calcolare le posizioni (visibili) degli astri. Tali ipotesi – e quella di

Copernico non più delle altre – non hanno la pretesa di essere vere, né verosimili e nemmeno probabili: la migliore è semplicemente la più comoda o la più semplice»[8]. In effetti in una lettera indirizzata a Copernico nel 1541, Osiander espose la sua concezione: «Io ho sempre creduto che le ipotesi non sono articoli di fede, ma basi del calcolo, cosicché, anche se sono false, non ha alcuna importanza, purché riproducano esattamente i fenomeni dei movimenti»[9].

Una visione, dunque, strumentale o fenomenistica della scienza, che, secoli più tardi, riapparirà in forma sublimata in Mach e Poincaré. «L'idea conduttrice», scrive uno studioso del pensiero di quest'ultimo, «può riassumersi in due tesi: primo, che la scienza non può conoscere nessuna verità assoluta circa la natura perché può stabilire con certezza solo il rapporto tra certi principi e certe conseguenze, o tra un'ipotesi e ciò che questa implica; secondo, che moltissimi dei pretesi risultati della scienza non hanno in sé nulla di necessario e derivano da "convenzioni" adottate dagli scienziati non senza ragione e tuttavia per libera scelta; tra le molte convenzioni possibili essi hanno scelto infatti quelle "convenienti" (*commodes*) anche se, a queste, altre se ne potevano sostituire senza contraddizione alcuna. [...] È forse un fatto che la Terra giri intorno al Sole? In realtà si tratta di un'ipotesi accettata dall'astronomo e passata nel senso comune, dove si cristallizza in fatto. Accettando, malgrado certe apparenze contrarie ai nostri sensi, abbiamo un quadro più estetico del mondo e i nostri calcoli vengono facilitati. Ma nulla a rigore impedirebbe di lasciare la Terra in quiete; si può solo dire che ciò produrrebbe una complicazione troppo scomoda agli effetti di una cosmografia completa»[10].

Chi scrive si affretta a precisare, a questo punto, come tale posizione epistemologica non sia sovrapponibile alla propria, anche se però trova con quella di Poincaré più di un punto di contatto. Si tratta in un certo senso dell'antitesi di quella del famoso fisico austriaco Ludwig Boltzmann: «Riferendosi alla fisica teorica, Boltzmann dichiarava che potevano benissimo esistere due teorie tra loro differenti ma comunque conformi ai fenomeni e dotate di coerenza interna. Era vano allora pensare che una delle due fosse vera e l'altra falsa»[11].

Due teorie tra loro differenti possono sì essere «conformi ai fenomeni», ma non possono essere allo stesso tempo «dotate di coerenza interna». Specialmente se tale *coerenza*, oltre ad essere *interna*, assurga anche allo status di "esterna" (o totale), cioè tenti di collegarsi al tutto, all'intero, e non solo alla parte. Ciò rimane implicitamente incasellato sullo sfondo epistemico del concetto di FLOP di chi scrive. Una teoria "falsa", come quella del *flogisto* o del *calorico* per intenderci, può possedere una sua *coerenza interna* a patto di trattarla come *sistema chiuso*, svincolata da ogni relazione fisica (più) esterna, cioè dalla *realtà*. In altri termini, per ogni teoria (consistente, falsa o artificiosa che sia) esiste una propria dimensione minima locale dove può esibire coerenza interna: al tentativo di superare tale localismo, allargando la dimensione di collegamenti e relazioni, la coerenza è destinata a crollare (emersione di un FLOP). A meno che la teoria non corrisponda alla *realtà fisica*.

Dunque dobbiamo chiederci se è veramente necessario dare la preferenza alle teorie einsteiniane, visto che ne esistono potenzialmente una miriade di equivalenti che portano alla stessa fenomenologia. Favorendo Einstein, secoli e secoli di *logos* filosofico, di pensiero classico, di categorie primarie, di logica, intuizione, senso comune su spazio e tempo, vengono demoliti per lasciare posto alle speculazioni teoriche relativistiche e post-relativistiche nate da polarizzate interpretazioni su sistemi di equazioni fisiche, immaginate dalla fervida mente del fisico tedesco.

Rileva il grande matematico francese René Thom come la moda imperante, che s'incardina sull'onda del più spregiudicato pragmatismo che ingabbia la scienza del XX secolo, sia quella di arrivare «da una teoria concettualmente mal messa» a dedurre «dei risultati numerici che arrivano alla settima cifra decimale», per poi pervenire alla verifica di «questa teoria intellettualmente poco soddisfacente cercando l'accordo alla settima cifra decimale con i dati sperimentali! Si ha così un orribile miscuglio tra la scorrettezza dei concetti di base ed una precisione numerica fantastica»[12]. Lo stesso Einstein ha più volte fatto notare come non bisogna lasciarsi ingannare dai dati sperimentali, sovrastimandoli: «È davvero strano come la gente sia spesso sorda agli argomenti più validi e sia invece propensa a sopravvalutare la precisione delle misure»[13].

Osserva a tal proposito Mamone Capria: «Nelle parole dell'anziano scienziato non si avverte alcuna differenza di tono rispetto a quando, 45 anni prima, si era rifiutato di prendere sul serio gli esperimenti di Kaufmann. Einstein, che si era formato intellettualmente su testi come *La scienza e l'ipotesi* di Poincaré e la *Meccanica* di Mach, non era mai stato un ingenuo circa il rapporto tra teoria ed esperienza, anche se nei pronunciamenti pubblici ebbe la tendenza a porre l'enfasi maggiore sull'importanza del verdetto sperimentale. Ma gli era chiaro, e questo egli mise in evidenza nel modo più netto nelle note autobiografiche del 1949, che dei due modi di valutare una teoria fisica, quello del confronto con l'esperimento, e quello del grado di "naturalezza" e "semplicità logica", quest'ultimo non solo aveva avuto "da tempo immemorabile una parte molto importante nella scelta e valutazione delle teorie", ma *sempre maggiore ne avrebbe avuta in futuro*»[14].

Dunque, ad un livello di analisi sufficientemente profondo, Einstein portava soltanto la maschera del falsificazionista popperiano. Se è vero – ammette Gerald Holton – che «Karl Popper, nella sua *Autobiography*, ha sottolineato che il proprio criterio di falsificazione dovette molto, per quanto concerne le sue origini, a quello che, a suo parere, fu l'esempio proposto da Einstein, e cita proprio questa precisa frase ["Se lo spostamento verso il rosso delle linee spettrali per mezzo del potenziale gravitazionale non esistesse, allora la teoria generale della relatività non sarebbe sostenibile"], che egli afferma di aver letto, quando era ancora ragazzo, riportandone una grande impressione»[15], è anche vero che «quanti di noi hanno apprezzato l'opera di Karl Popper» – continua Holton – «possono solo essere grati del fatto che si sia imbattuto [giusto] in quella frase dello scritto di Einstein del 1920»[16]. Infatti «nelle precedenti edizioni del 1917, 1918 e 1919 dell'opera, le conclusioni di Einstein erano state molto diverse. [...] Nella frase con cui si chiudeva la prima delle 15 edizioni dell'opera

[Einstein concludeva]: "Non dubito affatto che anche queste conseguenze della teoria possano un giorno trovare conferma"»[17]. Insomma – così come esce dai lavori di Holton – Einstein avrebbe camuffato con un popperiano falsificazionismo "empirista" il suo vero nucleo "razionalista", quell'«Io non dubito affatto...». Così come Newton, per la stessa ragione, sentendosi sicuro della sua teoria, non sentì «il bisogno di verificare se la sua predizione potesse "rispondere" più che "abbastanza bene"»[18].

Eppure, la maggior parte degli scienziati crede surrettiziamente alla logica del successo sperimentale, al "non ci credo, ma lo vedo... dunque è vero", volendo parafrasare una nota esclamazione di Georg Cantor, l'ideatore dei *numeri transfiniti*.

Interludio ▼

«Lo vedo, ma non ci credo», scrisse Cantor ad un altro personaggio illustre della storia della matematica, Richard Dedekind, in una lettera del 1877, dopo aver dimostrato uno dei suoi più famosi teoremi, e cioè che un quadrato contiene tanti punti quanti un suo lato. Cantor, seguendo la scia del successo "dell'impossibile reso possibile" di Gauss, finì per dare il colpo di grazia al "cosmo platonico", ancora agonizzante dopo quello dato da Gauss. La "libertà cantoriana"[19] avrebbe arrestato di colpo la classica metodologia di «sottoporre le loro idee nuove a un controllo metafisico»[20]. «La matematica – scriveva Cantor nel 1883 – nel suo sviluppo è completamente libera e vincolata soltanto all'evidente condizione che i suoi concetti siano in sé non contraddittori»[21]. E ancora: «*L'essenza* della matematica risiede proprio nella sua *libertà*»[22].

Per questo motivo Kant era odiato da Cantor: «Kant era la sua bestia nera»[23]. Per un motivo opposto a quello di Cantor, Kant stava sullo stomaco anche a Russell. Sulla copertina di un libro di Cantor spedito dall'autore medesimo a Russell c'era scritto: «Vedo che il vostro motto è Kant o Cantor»[24]. Ricorda Alan Wood in una conversazione avuta con Bertrand Russell, la teatrale manifestazione di contrarietà che questi aveva esternato «circa l'affermazione di Kant riguardo all'esistenza di un elemento soggettivo nella matematica: il tono della voce può essere descritto solo come di disgusto, simile a quello di un fondamentalista posto di fronte all'ipotesi che Mosè abbia inventato di sana pianta i Dieci Comandamenti: "Kant mi ha *stufato*"»[25].

Einstein invece parteggiava per la tesi cantoriana, la quale – oltre a «fare rivoltare Kant nella tomba»[26] – propendeva per una vittoria della libera creatività sulla rigidità delle kantiane *forme a priori*: «Gli assiomi della matematica sono altrettanti esempi dell'opinione di Einstein per cui i concetti sono libere creazioni della mente umana»; in Kant «l'attività creativa della mente era limitata dalle forme *a priori* dell'intuizione. Ma il pensiero matematico se ne liberò con la scoperta di geometrie non euclidee, e si capisce quindi come Einstein abbia dotato il pensiero di una maggiore libertà di creazione che con Kant»[27].

La linea filosofico-progettuale di Cantor, largamente diffusa tra i matematici, la quale – con le parole e il disappunto di Gottlob Frege – considera sufficientemente giustificata una definizione che «si presta spontaneamente a costituire la base dei nostri ragionamenti, senza condurre mai ad alcuna contraddizione»[28], si trasmetterà in seguito al campo della fisica, tramite Einstein prima, Bohr e Heisenberg poi, anelli di collegamento tra la cosiddetta *Scuola di Göttingen* e la *Scuola di Copenhagen*.[29]

Come dicevamo, la maggior parte degli scienziati crede surrettiziamente alla logica del successo sperimentale, a quella che potremmo etichettare come "funziolatria epistemologica"[30]. «Datemi un'equazione e vi ricostruirò il mondo!» potrebbe esclamare lo scienziato o l'ingegnere, parafrasando la famosa frase di Archimede. Il successo della formula non deve però indurlo nell'errore di credere di poter invertire il ragionamento. «Visto che la formula funziona allora significa che la teoria che le sta dietro è corretta»: questa è un'inferenza tanto diffusa quanto fallace, che la logica medioevale aveva ben saputo arginare.

Le errate applicazioni del *modus ponens* e del *modus tollens*, così denominate da secoli, sono alla base degli errori della scienza moderna, come dimostra il famoso esperimento di Wason (1966). In un articolo di Owen Gingerich (*L'affare Galileo*, «Le Scienze», n. 170, ottobre 1982), professore emerito di Astronomia e Storia della Scienza all'università di Harvard, troviamo riportata un'osservazione di questo tipo sul ragionamento che Galileo avrebbe usato a conferma della natura eliocentrica del sistema planetario: 1) se il sistema planetario è eliocentrico Venere presenta le fasi; 2) Venere presenta le fasi; 3) perciò il sistema planetario è eliocentrico. La struttura sillogistica di questo ragionamento è la seguente: [se p allora q], → [q quindi p] : niente di più errato! Ma è un fatto che ci cadano tutti, scienziati compresi. L'inferenza giusta, chiamata in termini medioevali Modus tollens, è la seguente: [se p allora q], → ['non q' quindi 'non p']. Esiste una serie di esperimenti ormai classici ideati da Wason che dimostrano come "l'errore di Galileo" sia comunissimo nelle inferenze di persone di ogni tipo e cultura.

Ma il problema della *funziolatria epistemologica* è ancora più esteso. Si chiedeva il nostro Maritain già nel '23: «Saprà essa [l'intelligenza comune] comprendere, che una teoria e delle formule possono perfettamente combaciare o coincidere coi fatti, senza darci, per ciò, il reale fisico in se stesso?»[31]. Oggi sappiamo che Maritain aveva ragione. Scriveva il padre della relatività in una lettera del '49 all'amico Michele Besso: «La maggior parte delle persone si lasciano convincere più dal successo immediato che da riflessioni di principio»[32]. Eppure, buona parte dei fisici contemporanei è convinta di poter "toccare" la realtà. Anche se una parte esigua della comunità scientifica crede al cosiddetto "modello matematico" di stile empirista, affermando con le parole di Stephen Hawking: «Io prendo per buono il punto di vista positivista, il quale assume che una teoria fisica non sia altro che un modello matematico, ritenendo privo di senso domandare se corrisponde o meno alla realtà. Tutto quello che possiamo chiedere è che le sue predizioni siano in accordo con le osservazioni»[33]. Ma il punto qui è che la scienza non si limita a ciò che Hawking vorrebbe farci credere. Al contrario, la comunità scientifica fa perno sui suoi risultati e successi per farci "toccare la realtà", per farci ingoiare interi blocchi metafisici, capsule cosmiche ipno-terapeutiche sature di inaudite immagini del mondo, di insolite *Weltanschauungen*.

INTERLUDIO ▼

Si è passati nell'ultimo secolo dalla falsa posizione epistemologica «una teoria funziona perché è vera» a quella doppiamente falsa «è vera perché funziona». In effetti, il pragmatismo e lo strumentalismo risultano dominanti nell'era della seconda rivoluzione scientifica, rimodellandosi spesso sotto forma di efficientismo, funzionalismo, utilitarismo scientifico. Scrive uno dei padri del pragmatismo angloamericano: «Il possesso della verità, lungi dall'essere un fine, è soltanto un mezzo per altre soddisfazioni vitali. Se mi sono perduto in un bosco e trovo qualcosa che assomiglia a un sentiero, è della massima importanza che io pensi che esso conduca a un'abitazione umana, in quanto, se penso così e lo seguo, io mi salverò. Il pensiero vero è utile perché l'abitazione che è il suo oggetto è utile. [...] Voi allora potete dire della stessa [affermazione] che è "utile perché è vera" o che "è vera perché è utile". Queste frasi significano entrambe la medesima cosa, che c'è una idea che si realizza e può essere verificata. Vera è chiamata qualunque idea metta in moto il processo di verificazione, utile è detta la sua funzione concretatasi nell'esperienza»[34].

William James sostiene che le proposizioni "è vero ciò che è utile" e "è utile ciò che è vero" abbiano lo stesso significato, dal momento che una proposizione è vera nella misura in cui produce esiti utili. In realtà, c'è molta differenza tra esse. Dire che un'idea è utile perché vera significa dire che ogni verità, in quanto descrive correttamente una realtà, non può non esserci utile nelle azioni che riguardano la realtà in questione. Dire invece che un'idea è vera perché utile significa teorizzare una concezione strumentale della verità, in base alla quale consideriamo vero solo ciò che produce risultati utili, mentre escludiamo come falso ogni asserto che non produca conseguenze pratiche vantaggiose.

In effetti, nonostante il fatto che James sostenga l'identità delle due affermazioni, egli adotta la seconda come criterio di verità: la verità tende a coincidere con l'utilità. Ci troviamo, quindi, di fronte a una concezione *funzionale* della verità (è vero ciò che funziona), concezione che la scienza contemporanea erediterà in pieno, e che condurrà a esiti relativistici. All'interno di tale concezione la verità non consiste nel rispecchiamento della realtà da parte della mente umana, ma invece è strumentale all'utilità.

D'altra parte, nonostante lo scienziato contemporaneo da un lato abbia ridotto la pretesa della scienza alla pura strumentalità – «la scienza può aiutarmi a fare previsioni»[35] – dall'altro continua invece a incasellare lettere cubitali nella *Weltanschauung* e nelle implicazioni filosofiche e morali. Scrive lo storico della scienza Enrico Bellone: «È tuttavia innegabile che Einstein ha rivoluzionato la cultura umana modificando categorie come spazio, tempo, materia e causalità. Il che basta e avanza per collocarlo tra i più grandi filosofi d'ogni tempo»[36]. In altri termini, la scienza non solo tende a forzare la genesi e l'euristica della scoperta a vantaggio della "previsionalità", ma subito dopo, con un doppio salto mortale, inferisce dal risultato che la teoria (filosofica) è esatta, vera perché funziona.

Un esempio emblematico, sotto questo aspetto, è il caso della scoperta del positrone. Già la sola genesi della scoperta appare contorta e problematica. Tracce di tali particelle erano state già fotografate forse prima del 1932, ma i fisici non avevano idea di cosa fossero. Una serie di esperimenti messi a punto da Anderson nel '32 misero in luce la nuova particella. D'altra parte Dirac aveva formulato una teoria nel 1930, poi diventata famosa, dove una delle conseguenze dirette era proprio l'esistenza di una particella con le caratteristiche del positrone. In gergo viene normalmente detto che Dirac "aveva previsto" l'esistenza del positrone. Dunque di chi è la scoperta? Di Dirac o di Anderson?

La comunità scientifica, quasi sempre, tende a privilegiare "la previsione", la forza razionalizzatrice e predittrice di una teoria: così facendo si ottiene il duplice scopo di fortificare l'ossatura teoretica della scienza – avvicinandola al mito – e, nel contempo, di sovraccaricare di evidenza empirica ciò che prima si ammantava di semplice elucubrazione, trasferendo il successo di un risultato sulla validità di un'intera teoria. D'altra parte, Anderson non ha avuto bisogno della teoria di Dirac per mettere in luce l'esistenza del positrone: «Si è spesso detto che la scoperta del positrone è stata una conseguenza della predizione teorica di Paul Dirac, ma non è esatto. La scoperta del positrone è stata del tutto accidentale. Nonostante la teoria relativistica dell'elettrone di Dirac fosse un'eccellente teoria del positrone, e malgrado fosse nota a quasi tutti i fisici, non ha avuto alcun ruolo nella scoperta del positrone»[37].

Non solo: altre cento teorie potenziali e mai formulate avrebbero potuto invocare l'esistenza di tale particella! Scrive Hanson in un suo meritevole lavoro: «Così Millikan, nel 1935, scrive "[...] la scoperta dell'elettrone positivo [...] fu fatta senza la guida di alcuna teoria, come nel caso della scoperta della presenza frequente di tracce di coppie positivo-negativo [...]". Il professor Blackett descrive la scoperta nello stesso modo, come pure Oppenheimer e lo stesso Anderson. D'altra parte, il professor Hans Bethe avverte che la scoperta è stata prima di tutto teorica, basandosi sul fatto che le tracce di positrone erano state fotografate nel 1932. Però, mancando una teoria che rendesse comprensibili queste tracce, i fisici non riuscirono a identificarle. Il professor Konopinski, poi, afferma che "ogni fisico teorico sa che Dirac ha scoperto il positrone". Così, fino ad oggi, questi approcci storicamente diversi alla particella rimangono irrisolti»[38].

«D'altra parte, se vogliamo abbracciare il punto di vista di chi sostiene che della realtà fisica ricaviamo conoscenze solo dai laboratori, e che le teorie hanno la funzione di ordinare le osservazioni sperimentali, allora dobbiamo concludere che il positrone fu scoperto da Anderson nel 1932 e, tutt'al più, previsto da Dirac, un anno prima. Se invece ci accostiamo al punto di vista di Dirac, secondo cui la realtà fisica è contenuta nelle teorie, allora concludiamo che fu Dirac a scoprire il positrone, e che la sua scoperta fu confermata successivamente dagli esperimenti»[39].

Note

1   Cit. in G. GIORELLO, *Il 'disgusto dell'infinito' e il rigore del calcolo*, in G. TORALDO DI FRANCIA (a cura di), *L'infinito nella scienza*, Roma 1987, p. 294.

2   Al quale va il ringraziamento di chi scrive per i preziosi suggerimenti, incoraggiamenti, stimoli e apprezzamenti nell'arco dell'ultimo ventennio. Vanto della fisica italiana, il compianto prof. Franco Selleri è stato apprezzato e rinomato in tutto il mondo per i suoi eccellenti contributi scientifici e per la sua maestria nella didattica. Ne sono esempio lezioni e seminari tenuti all'Università di Bologna, Frascati, Cornell (USA), Göteborg (Svezia), San Paolo (Brasile), Vienna (Austria), Canberra (Australia), Nebraska (USA). Autore di circa 300 pubblicazioni di alto livello scientifico che spaziano dalla Teoria della Relatività alla Meccanica Quantistica, dalla fisica delle particelle alla storia e filosofia della fisica, molti dei suoi testi sono stati tradotti in una dozzina di lingue. Nella postfazione del celeberrimo capolavoro divulgativo di George Gamow – *Le avventure di Mr. Tompkins* – il nostro fisico spiega come formule identiche (e quindi identiche evidenze sperimentali) possono venir fuori da teorie fisiche diverse: «Vi sono, ad esempio, ripetuti richiami ad "evidenze sperimentali" in realtà talvolta inesistenti, ma, guarda caso, sempre favorevoli alle tesi teoriche che l'autore vuole illustrare. Ad esempio quando discute di relatività egli afferma che le nuove concezioni di spazio e di tempo sono state generate da evidenze sperimentali rese possibili da sofisticate moderne tecnologie. Suona bene, no? Peccato però che Lorentz e Fitzgerald avessero trovato una spiegazione degli stessi esperimenti completamente all'interno delle "vecchie" nozioni spazio-temporali. Insomma Gamow lascia spesso al lettore la netta impressione che le nuove scelte fossero rese inevitabili dall'evidenza empirica, davanti alla quale ogni persona sensata non può che inchinarsi. Dopo le ricerche di Builder, Prokhovnik, Bell, e molti altri fisici, che hanno confermato la possibilità e la ragionevolezza delle scelte di Lorentz e Fitzgerald, oggi sappiamo che la via presa dalla relatività non era affatto inevitabile» (F. SELLERI, *Mr. Tompkins a testa in giù*, in G. GAMOW, *Le avventure di Mr. Tompkins. Viaggio «scientificamente fantastico» nel mondo della fisica*, Bari 1995, p. 221). Selleri si è applicato intensamente per più lustri su ciò che egli stesso ha denominato "teorie equivalenti alla relatività", sfornando una serie impressionante di lavori a sostegno della sua tesi. Viene qui di seguito indicato un elenco parziale, ma fondamentale per una comprensione non superficiale della critica selleriana alla relatività: *Theories equivalent to special relativity*, in M. BARONE - F. SELLERI (a cura di), *Frontiers of Fundamental Physics*, London - New York 1994; *Clock synchronization and relativity*, in F. SELLERI (a cura di), *Fundamental Questions in Quantum Physics and Relativity*, Palm Harbor 1993; *The relativity principle and the nature of time*, «Found. Phys.», 27:1527, 1997; *Space and Time are better than Spacetime*, (I e II), in

K. RUDNICKI (a cura di), *Redshift and Gravitation in a Relativistic Universe*, Montreal 2001; *Special relativity as a limit of ether theories*, in M.C. DUFFY (a cura di), *Physical Interpretations of Relativity Theory*, London 1990; *On the meaning of special relativity if a fundamental frame exists*, in H. ARP et al. (a cura di), *Progress in New Cosmologies* , London - New York 1993; *Inertial systems and absolute transformations of space and time*, «Physics Essays», 8:342, 1995; *Absolute vs. Lorentz transformations of space and time* in W. TKACZYK (a cura di), *The Structure of Space and Time*, Lodz 1996; *Space, time and their transformations*, in Space, Time, Motion - Theory & Experiment, «Chinese Jour. Syst. Eng. Electronics», 6:25, 1995; *Complementarity vs. causality in space and time*, in M. BARONE et al. (a cura di), *Advances in Fundamental Physics*, Palm Harbor 1994; *Teorie equivalenti alla relatività speciale*, in V. FANO (a cura di), *Fondamenti e filosofia della fisica*, Cesena 1996; *Le teorie equivalenti alla relatività e la natura del tempo*, Conv. internaz. "Cartesio e la scienza", Perugia, 4-7 sett. 1996; *Tempo relativo e simultaneità assoluta*, in P. TUCCI (a cura di), *Atti del XVI congresso nazionale di storia della fisica e della astronomia*, Como 1996; *Necessity of noninvariant one-way speed of light in relativistic physics*, in M.C. DUFFY (a cura di), *Physical Interpretations of Relativity Theory*, London 1996; *Noninvariant one-way speed of light and locally equivalent reference frames*, «Found. Phys. Lett.», 10:73, 1997; *Time on a rotating platform* (con F. GOY), «Found. Phys. Lett.», 10:17, 1997; *The relativity principle and the nature of time*, «Found. Phys.», 27:1527, 1997; *On a logical problem in the theory of relativity and its overcoming*, in M.C. DUFFY (a cura di), *Physical Interpretations of Relativity Theory*, London 1998; *On the existence of a physical and mathematical discontinuity in relativistic theory*, in F. SELLERI (a cura di), *Open Questions in Relativistic Physics*, Montreal 1998; *Teorie alternative alla relatività e natura del tempo*, in L. CONTI e M. MAMONE CAPRIA (a cura di), *La scienza e i vortici del dubbio*, Napoli 1999; *La fisica del Novecento. Per un bilancio critico*, Bari 1999; *The Lorentz contraction implies the existence of a privileged inertial system*, «Journal of New Energy», 5:32, 2001; *È possibile inviare messaggi verso il passato?*, in F. SELLERI (a cura di), *La natura del tempo*, Bari 2002; *Lezioni di relatività. Da Einstein all'etere di Lorentz*, Bari 2003; *La relatività debole. La fisica dello spazio e del tempo senza paradossi*, Milano 2011.

3 Cit. in J. GLEICK, *Genius: The Life and Science of Richard Feynman*, New York 1992, p. 326.

4 P.W. BRIDGMAN, *La logica della fisica moderna*, Torino 1965, p. 71.

5 J.H. POINCARÉ, *Scritti di fisica-matematica*, Torino 1993, p. 175.

6 A. KOYRÉ, *Prefazione*, in NICCOLÒ COPERNICO, *De revolutionibus orbium caelestium*, a cura di Alexandre Koyré, Torino 1975, p. xviii.

7 A. Osiander, in Niccolò Copernico, *De revolutionibus orbium caelestium*, op. cit., pp. 3-5.

8 A. Koyré, op. cit., p. xviii.

9 Ibidem.

10 A. Lalande, *Henri Poincaré, da "La science et l'hypothèse" alle "Dernières pensées"*, in P.P. Wiener - A. Noland (a cura di), *Le radici del pensiero scientifico*, Milano 1971, pp. 659-660.

11 E. Bellone, *Filosofia di un terrorista algebrico*, «Le Scienze» n. 464, 2007, p. 13.

12 R. Thom, in *Parabole e catastrofi - Intervista su Matematica Scienza Filosofia*, a cura di G. Giorello e S. Marini, Milano 1980, p. 27.

13 *Lettera di Einstein a Max Born*, 1952, in A. Einstein - M. Born, *Scienza e vita. Lettere 1916-1955*, Torino 1973, p. 226; contenuta anche in A. Einstein, *Opere scelte*, Torino 1988, p. 727.

14 M. Mamone Capria, *La crisi delle concezioni ordinarie di spazio e di tempo: la teoria della relatività*, op. cit., p. 369.

15 G. Holton, *Einstein e la cultura scientifica del XX secolo*, Bologna 1991, p. 19.

16 Ibidem.

17 Ivi, pp. 19-20.

18 S. Chandrasekhar, *Verità e bellezza. Le ragioni dell'estetica nella scienza*, Milano 1990, pp. 75-76.

19 Cfr. R.V. Macrì, *Neopitagorismo e relatività*, op. cit.

20 Cit. in U. Bottazzini, *Insiemi di punti e numeri transfiniti*, in P. Rossi (a cura di), *Storia della scienza moderna e contemporanea*, vol. III, tomo I, Milano 2000, p. 63.

21 Ivi, p. 62.

22 Ivi, p. 63.

23 B. Russell, *Una filosofia per il nostro tempo*, Milano 1995, p. 24.

24 Ibidem.

25 A. Wood, *La filosofia di Russell. Uno studio sulla sua evoluzione*, in B. Russell, *La mia filosofia*, Roma 1995, p. 223.

26 D. Overbye, *Einstein innamorato. La vita di un genio tra scoperte scientifiche e passione romantica*, Milano 2002, p. 131.

27 V.F. Lenzen, *La teoria della conoscenza di Einstein*, in P.A. Schilpp (a cura di), *Albert Einstein, scienziato e filosofo*, op. cit., p. 327.

28 Cit. in U. Bottazzini, *Fondamenti dell'aritmetica e della geometria*, in P. Rossi (a cura di), *op. cit.*, p. 257.

29 Per un approfondimento sull'opera di Cantor si rimanda a A. Aczel, *Il mistero dell'Aleph, La ricerca dell'infinito tra matematica e misticismo*, Milano 2002; e, anche, P. Zellini, *Breve storia dell'infinito*, Milano 1985.

30 Cfr. *La «funziolatria» epistemologica e l'esperimento di Wason* del presente autore, «Vertigo Fil Rouge», anno 3, n. 7, 2011.

31 J. Maritain, *La metafisica dei fisici ossia la simultaneità secondo Einstein*, op. cit., p. 313.

32 A. Einstein, *Lettera a Michele Besso del 24 luglio 1949*, in A. Einstein, Opere scelte, op. cit., p. 692.

33 S.W. Hawking – R. Penrose, *The Nature of Space and Time*, Princeton 1996, p. 116.

34 W. James, *Pragmatismo*, 1907, in W. James, *Il pensiero*, Torino 1969, pp. 127-8.

35 R.P. Feynman, *Il senso delle cose*, Milano 1999, p. 26.

36 E. Bellone, *L'arte einsteiniana del filosofare*, «Le Scienze» n. 463, marzo 2007, p. 12.

37 C. Anderson, cit. in E. Klein, *Sette volte la rivoluzione. I grandi della fisica contemporanea*, Milano 2006, p. 96.

38 N.R. Hanson, *Il concetto di positrone. Un'analisi filosofica*, Milano 1989, p. 176.

39 D. Monti, *Equazione di Dirac*, Torino 1996, p. 131. Cfr. anche F. Selleri, *Lezioni di relatività*, Bari 2003, pp. 35-6; e anche, dello stesso autore, *La fisica del Novecento*, Bari 1999, pp. 188-91.

IX

Premessa minore

Perché un genio assoluto come Henri Poincaré, per niente inferiore a chi in un certo senso fu suo discepolo e successore[1], la teoria di Einstein «non l'accettò mai»?[2] Perché «un fisico teorico di grande levatura, che della teoria della relatività ristretta aveva afferrato tutti gli aspetti, fisici e matematici»[3] come Lorentz, mai si convertì alla relatività?[4] Perché un fisico sperimentale e primo Nobel per gli Stati Uniti come Michelson, punto d'innesco per la relatività, «non fu mai a suo agio con la teoria ristretta»?[5]

Ma, per quanto riguarda i fisici sperimentali, basterebbe nominare il più grande di tutti, Rutherford, o un Soddy, completamente contrari alla teoria di Einstein, per far partorire più di un dubbio! «È un fatto che nessuno dei 'pionieri' della relatività rimase convinto, né Lorentz, né Poincaré, né Michelson, né Larmor. Anche fra i sostenitori della prima ora alcuni, come Silberstein e Dingle, andarono maturando dubbi sempre più consistenti in proposito»[6].

Per non parlare dei mille dubbi sulla relatività di fisico-matematici italiani di insuperabile levatura come Francesco Severi, Federigo Enriques, Giovanni Giorgi, Ettore Majorana[7], ... per citare solo un piccolissimo esempio. Ricerche recenti portano il numero dei critici a valori misconosciutamente elevati[8]. Se a ciò si aggiunge che tale numero potrebbe "fattorializzarsi", se non fosse per il fatto che il povero studente alle prese con lo studio della relatività e con capacità critiche ancora intatte è costretto dall'establishment (professori compresi, anche per una certa «paura di dover ripensare il già pensato», per citare Benedetto Croce) «a credere che criticare la relatività ristretta sia un sicuro segno di ignoranza, per non dire di stupidità»[9], allora ci si pone la domanda di quante non piccole difficoltà possano celarsi durante il tentativo di svincolarsi dal collare dell'*argumentum ad verecundiam,* che invece raccomanda una cieca delega in bianco ai cosiddetti "esperti", nella convinzione che quanto non si è capito sia dovuto ad un inadeguato e insufficiente numero di neuroni a nostra disposizione. Una sorta di *filosofia del rimando* «di cui sono preda non solo tanti studenti, ma anche tanti docenti»[10] che – come denunciava già all'epoca Cartesio – «spesso si astengono dall'esaminar molte cose [...] poiché stimano che possano esser comprese da altri forniti di maggior intelligenza, abbraccian[d]o il parere di coloro sulla cui autorità maggiormente confidano»[11].

Dunque, siamo obbligati ad ammettere che non solo non è impossibile, ma addirittura non è neanche improbabile che «positivismo», «sopravvalutazione della misura», «fuga verso il formalismo matematico», abbiano operato «un vero lavaggio di cervello»[12]. Se, pertanto, giganti del pensiero come Poincaré, Lorentz, Severi, Majorana «non comprese[ro] mai la teoria della relatività»[13], come si può sperare di farla comprendere agli alunni dei licei e delle università? Quale significato possiamo dare, in questo caso, al termine "comprensione"? Forse "persuasione"? Si noti che una tale divergenza non ha eguali nella storia del pensiero scientifico[14]. Il punto essenziale qui è che, se i critici fossero ancora vivi, sarebbero ancora dello stesso parere. A questo punto vale la pena di ricordare una famosa affermazione di Max Planck: «Una nuova verità scientifica non trionfa convincendo i suoi oppositori e facendo loro vedere la luce, ma piuttosto perché i suoi oppositori alla fine muoiono, e cresce una nuova generazione che è abituata ad essa»[15]. Le pagine che seguono confermano pienamente il pensiero di Planck.

Note

1 Nelle "Repliche" agli autori, che concludono il famoso volume ideato da P. A. Schilpp in onore di Einstein, apparso nel 1949, *Albert Einstein filosofo-scienziato*, Einstein si trova a dover rispondere a delle incalzanti osservazioni epistemologiche formulate da Reichenbach (uno dei più grandi filosofi ed epistemologi dell'epoca, amico e collaboratore di Einstein, nonché propagatore irriducibile delle idee einsteiniane) sul pensiero di Poincaré. Nella sua replica Einstein sembra precipitarsi con piacere a rispondere all'invito di Reichenbach: «Qui trovo il bel lavoro di Reichenbach che, per la precisione delle deduzioni e per l'acutezza delle tesi proposte, m'invita irresistibilmente a un breve commento». Einstein comincia immaginando un dialogo fra Poincaré e Reichenbach, ma abbandona subito la finzione perché non «lo permette» il suo «rispetto [...] per le superiori qualità di Poincaré come pensatore e come scrittore» (A. EINSTEIN, *Replica alle osservazioni dei vari autori*, in P.A. SCHILPP (a cura di), *Albert Einstein, scienziato e filosofo*, op. cit., pp. 621-622; o, anche, A. EINSTEIN, *Autobiografia scientifica*, Torino 1979, pp. 219-220). Per quel che riguarda l'importanza che la figura di Poincaré ha avuto nei confronti di Einstein, Marco Mamone Capria nel suo lodevole lavoro sottolinea: «ed è non meno noto che fra le letture più importanti nella sua formazione *di fisico* furono quelle di Henri Poincaré e di Ernst Mach, ambedue scienziati-filosofi, e che da questi autori egli trasse ispirazione *per costruire le due teorie fisiche per cui è oggi famoso*» (M. MAMONE CAPRIA, *op. cit.*, p. 373).. Pure interessanti sono le osservazioni di un illustre sociologo della scienza, in un volume degno della massima attenzione: L.S. FEUER, *Einstein e la sua generazione*, Bologna 1990, pp. 98, 122-126, e quelle di C.J. BJERKNES, *Albert Einstein: the incorregible plagiarist*, Illinois 2002, pp. 155 sgg.. Cfr., infine, D. GILLIES e G. GIORELLO, *La filosofia della scienza nel XX secolo*, Roma-Bari 2006, pp. 82-83 e 396; e U. BOTTAZZINI, *Poincaré, Einstein e il principio di relatività*, in «Nuova Civiltà delle Macchine», XXIV, 4, 2006.

2 A. PAIS, *«Sottile è il Signore...» La scienza e la vita di Albert Einstein*, Torino 1991, p. 186. Lo stesso Einstein affermò che Poincaré era «del tutto ostile (alla teoria della relatività)» (ibidem). È pure notevole come anche Mach, l'altro scienziato-filosofo che influì potentemente sul pensiero di Einstein, «abbia rigettato con forza la teoria della relatività» (A. EINSTEIN, *Lettera a Michele Besso del 6 gennaio 1948*, in A. EINSTEIN, *Opere scelte*, op. cit., p. 690).

3 A. PAIS, *«Sottile è il Signore...»*, op. cit., p. 182. Racconta Pais appassionatamente: «Come Einstein ebbe a dirmi più di una volta, Lorentz fu per lui la personalità più completa e armoniosa in cui si fosse imbattuto in vita sua. I giudizi e i sentimenti di Einstein nei confronti di Lorentz erano un misto

di stima, di affetto e di timore reverenziale. "Ammiro quest'uomo come nessun altro, direi anzi che lo amo", scrisse a Laub nel 1909. In una lettera a Grossmann definì Lorentz "il più grande fra i nostri colleghi". A Lorentz stesso scrisse: "Vi sarete certamente accorto che nutro per voi un'ammirazione sconfinata"» (ivi, p. 185).

4   Veramente buffo e grottesco, per non avanzare ipotesi ancora più malevoli, il modo come tutto ciò viene convertito dalla comunità scientifica, per bocca di Pais: «Perché Lorentz non riuscì mai a rinunciare del tutto all'etere? Perché Poincaré non comprese mai la relatività ristretta?» (ivi, p. 179).

5   Ivi, p. 127.

6   M. Mamone Capria, *op. cit.*, p. 365.

7   Lo zio di Ettore, Quirino Majorana, era un abilissimo e famoso fisico sperimentale: anch'egli resistette alle idee di Einstein fino alla morte. Per quanto riguarda la categoria dei fisici sperimentali italiani e il loro disaccordo con la teoria di Einstein non basterebbe lo spazio di un intero volume per la descrizione e la cronaca. Per un resoconto limitato e parziale si rimanda a R. Maiocchi, *Einstein in Italia. La scienza e la filosofia italiane di fronte alla teoria della relatività*, op. cit., e anche a S. Linguerri – R. Simili (a cura di), *Einstein parla italiano. Itinerari e polemiche*, Bologna 2008.

8   Diverse centinaia di nomi di un certo spessore per G. O. Mueller - K. Kneckebrodt, *95 Years of Criticism of the Special Theory of Relativity (1908-2003)*, Germany 2006; ma diventano migliaia se il confronto viene fatto nella rete (solo per dare un'idea, ecco alcune chiavi per motori di ricerca in internet: "Sapere Audi", "Natural Philosophy Alliance", "Galilean Electrodynamics", "Apeiron", "Society for the Advancement of Physics"; e l'elenco potrebbe proseguire a lungo). La lista pubblicata da Jean de Climont (*The Worldwide List of Alternative Theories and Critics*, Editions d'Assailly, 2020) di 2679 pagine, che vorrebbe essere quasi un censimento planetario dei dissidenti, conta quasi diecimila nomi di scienziati che non sarebbero d'accordo con Einstein e la sua Relatività.

9   H. Dingle, *Science at the Crossroads*, op. cit., p. 114.

10 U. Bartocci e R.V. Macrì, *Il linguaggio della matematica*, op. cit.

11 R. Descartes, *Regulae ad directionem ingenii*, in *Opere filosofiche*, vol. I, Roma-Bari 1991, p. 64.

12 J. Barretto Bastos Filho, *La dissoluzione della realtà: irrealismo e indeterminismo nella fisica del microcosmo*, in M. Mamone Capria (a cura di), op. cit., pp. 448-9.

13 A. Pais, *op. cit.*, p. 186.

14 Divergenza che intacca persino la comprensione dei "grandi luminari" della materia che esaltano e credono di aver afferrato pienamente la teoria. Quasi vent'anni or sono (fine '97) mi venne in mente di elaborare un test "civetta" che facesse da campionamento della citata divergenza. Proposi così un questionario di sole due domande "relativistiche", studiate *ad hoc*, agli esperti italiani più illustri (e ad una manciata di americani). Si trattava di rispondere tramite e-mail ai seguenti quesiti: 1) *L'isotropia della velocità della luce è valevole anche nei sistemi non inerziali?* 2) *La velocità della luce è sempre c, oppure in sistemi non inerziali può assumere valori maggiori di c?* Rispose praticamente ogni interpellato, con grande disinvoltura e gentilezza, quasi con ovvietà. Peccato, però, che a tale ovvietà non corrispondesse altrettanta univocità, omogeneità o accordo! Ogni risposta fu un verdetto a sé, privo di comunanza con le altre. Come se ognuno recitasse un proprio credo, credendolo universale. È questo il bello della relatività: ognuno *crede di sapere*, almeno fino a quando non si accorge che quel *sapere* che credeva universale o assoluto risulta invece *relativo*. Relativo ai testi che ha studiato, alla *forma mentis*, agli insegnanti che ha avuto, al micro-mondo che si è creato! Ciò potrebbe apparire esagerato, ma non lo è. Per eliminare ogni dubbio basterebbe leggere un testo come quello di Herbert Dingle, *Science at the Crossroads*, op. cit., dove l'autore racconta di innumerevoli dissidi con i più grandi luminari della Royal Society e delle università inglesi finite con battute del tipo: mi dispiace prof. Dingle, «non è facile per me fare lo sforzo di ricordare…»! (ivi, p. 114). E di rimando Dingle: «Dopo una vita che hanno insegnato relatività agli studenti»!

15 Cit. in T.S. Kuhn, *La struttura delle rivoluzioni scientifiche*, Torino 1978, p. 183.

X

Il punto sul concetto di tempo

Abbiamo visto come il concetto di tempo sia stato patrocinato lungo i secoli da almeno due correnti di pensiero opposte, due concezioni che qui, per comodità, chiameremo l'una *ontologica* e l'altra *fenomenologica*, o anche *realista* la prima e *nominalista* la seconda[1]. Se Parmenide e la scuola eleatica possono essere presi come punto di riferimento più antico per quel che riguarda la posizione fenomenologico-nominalista, allora Eraclito dovrebbe essere collocato giustamente al vertice temporale per quella ontologico-realista: è infatti il tempo – per quest'ultimo – che governa e scandisce le fasi periodiche dello stesso divenire[2].

D'altra parte fino a Parmenide si può parlare solo di *concezioni del tempo*, mentre invece con lui il tempo appare sotto forma di *problema*. Ciò che fu non è, e neanche è ciò che sarà: ma allora il tempo che cos'è? Per il maestro «venerando e terribile» – così come viene chiamato da Platone – il cangiamento fenomenico viene ridotto a parvenza illusoria, relativa sì alla realtà umana, ma scevra di intrinseca consistenza ontologica: «L'essere cerca di respingere lontano da sé ogni 'era e sarà', per ritrarsi nell''è' senza tempo»[3]. I quattro famosi argomenti di Zenone di Elea formeranno infine una sorta di cintura protettiva contro possibili attacchi al nucleo parmenideo.

Nelle tesi sostenute dagli Eleati sono stati ravvisati, sia pure in forma embrionale, alcuni spunti della relatività einsteiniana. In effetti sembra che i filosofi di Elea, negando l'esistenza del moto, della velocità e anche del tempo assoluti, avrebbero scoperto – e questo per merito soprattutto di Zenone – l'importanza del punto di riferimento. Nell'argomento cosiddetto *dello stadio*, infatti, l'Eleate avrebbe accolto la relatività del tempo, dal momento che questo varia secondo che l'osservazione sia fatta su uno dei corpi in quiete o su uno dei corpi in movimento. Ciò, naturalmente, può essere visto con più ragionevolezza come una vicinanza alla relatività galileiana, piuttosto che a quella einsteiniana. Pur tuttavia, alla luce del successo della teoria di Einstein e del suo "futuro congelato", filosofi come il Meyerson hanno voluto sottolineare il trionfo dello spirito della filosofia eleatica[4]. Non per niente Einstein fu definito "Parmenide" da Popper. E «lo stesso Einstein non si è mai opposto a una simile concezione», rimarca Emanuele Severino[5].

Nel corso della sua vita, Popper incontrò per tre volte Einstein. L'argomento principale delle loro conversazioni fu il rapporto futuro-libertà e come questo potesse essere conciliato con la negazione del tempo: «La *realtà del tempo e del cangiamento* mi sembrava essere il punto cruciale del realismo», scrive Popper, rimarcando che il suo punto di vista mai si modificò («Ancora la vedo così»). «Io – rammenta Popper a riguardo di Einstein – cercai di persuaderlo ad abbandonare il suo determinismo, che in pratica si riduceva all'idea che il mondo fosse un universo chiuso, di tipo parmenideo, a quattro dimensioni, nel quale il cangiamento era un'illusione umana, o qualcosa di molto simile (Egli era d'accordo che questa fosse la sua opinione, e discutendo di ciò io lo chiamai "Parmenide")»[6]. Nel senso che il cosiddetto "blocco cronotopico" quadridimensionale einsteiniano può essere pensato esattamente «come l'essere parmenideo, metafisicamente immutabile, dato con tutte le sue leggi che, includendo la forma-tempo, sembrano leggi del divenire mentre sono in verità leggi statiche di una realtà cronotopica immobile come totalità d'essere»[7]. Come afferma Hermann Weyl, «Il mondo oggettivo *è* semplicemente: non *accade*. Soltanto allo sguardo della mia coscienza [...] una sezione di questo universo può offrirsi come una immagine che fluttua nello spazio e che cambia continuamente nel tempo»[8]. Nascono in questo modo le mille difficoltà di mettere insieme un futuro già scritto e congelato con la realtà della libertà umana, ossia la libertà del volere, il cosiddetto *libero arbitrio*. Di tutto ciò parleremo più avanti, mentre adesso proseguiremo la nostra panoramica sulle riflessioni filosofiche intorno al tempo durante i secoli.

Il sentiero intrapreso da Parmenide si dirama in mille viottoli: uno è quello che collega Leucippo e Democrito a Epicuro e Lucrezio, dove «il tempo non esiste di per sé»[9], non è sostanziale ma accidentale. Un altro è quello nichilistico, stile Gorgia, la cui posizione viene sintetizzata dal sofista Antifonte in questi termini: «Il tempo è puro pensiero o misura; non è una sostanza»[10]. Un altro ancora viene spesso tracciato ricorrendo alla posizione di Agostino – erroneamente collocato in questa stessa scuola di pensiero – per poi rimbalzare su Spinoza, Leibniz, Hume, Kant. Ma basterebbe notare alcune differenze sostanziali tra Agostino e Kant, per far sorgere legittimi dubbi di parentela. Se per Kant il tempo viene inquadrato come forma *a priori* della sensibilità e non possiede alcuna realtà oggettiva "esterna", per Agostino invece il tempo ha il suo fondamento già nel movimento, e ancor più nella "creaturalità", che di per sé è mutevole in questo mondo[11]. E se è vero che il tempo esiste nell'anima, è anche e soprattutto vero che ha bisogno, per esistervi, di una successione di stati, di mutamenti, sia nell'anima, sia fuori dell'anima. Per Kant, invece, il tempo mai potrà essere una proprietà o modo d'essere di una sostanza. «Spazio e tempo non posseggono più in alcun modo una realtà incondizionata»[12] ma diventano «principi formali del mondo sensibile», «condizioni nelle quali noi apprendiamo gli oggetti»[13].

Esiste più di un elemento di giustificazione, pertanto, riguardo ai tentativi di parallelismo tra le vedute di Einstein e quelle di Kant su spazio e tempo. È stato posto in risalto da colossi come Weyl, Cassirer, Schrödinger, il fatto che «Einstein» – circa «le profonde vedute di Kant sull'idealizzazione dello spazio e del tempo» – ha «fatto un gran passo verso il loro compimento»[14]. «Sia Weyl, sia Cassirer, hanno considerato la teoria della relatività come una conferma della concezione di Kant dell'idealità del tempo; il tempo, essendo solo una forma della nostra percezione, non può essere applicato alle "cose in se stesse"»[15]. In effetti, i maestri di Einstein sono stati Hume e Kant, in un primo momento, Mach e Poincaré in un secondo. Gli ultimi sforzi compiuti per l'indirizzo nominalista, risultano proprio quelli di Mach e Poincaré, ma ci sono buone ragioni per ritenere che le argomentazioni proposte fossero solo di facciata, almeno per il secondo, come vedremo più avanti[16].

Per quanto riguarda la corrente *ontologico-realista*, Plotino – per primo – individua un punto essenziale: credere che il tempo sia collegato al movimento è un errore. Tutti hanno visto nel movimento – nota Plotino – il fondamento ultimo del tempo, ma contro chi sostiene l'identità del tempo col movimento, egli osserva che il moto *già* «è nel tempo»[17]! Ciò diventa evidente, spiega il filosofo, se si tiene conto del fatto che il moto può cessare, fermarsi o essere intermittente, mentre il tempo non arresta mai il suo corso regolare e costante. Argomentazioni che saranno interamente ricalcate da Newton circa un millennio e mezzo più tardi. La Scolastica farà tesoro di elaborazioni simili, sottili e profonde sul tema, tanto da non lasciarsi mai sedurre più di tanto da tesi nominaliste.

Che all'epoca circolassero teorie simili lo testimonia la condanna, da parte del vescovo parigino Stefano Tempier, della famosa tesi del 1276: «*Quod ævum et tempus nihil sunt in re, sed solum in apprehensione*». Ma la vetta della concezione del tempo ontologico-realista pre-newtoniano spetta a Bernardino Telesio (1509-1588). Secondo il filosofo calabrese, il tempo ha realtà e concretezza in se stesso, mentre solo per associazione psicologica noi lo consideriamo dipendente dal moto. Egli dichiara in modo deciso che qualora dovessimo eliminare ogni moto, il tempo continuerebbe a sussistere senza venir meno: «Il tempo non dipende in alcun modo dal movimento, ma esiste di per sé», in quanto «esso ha in se stesso le sue condizioni e dal movimento non ne deriva alcuna»[18].

Dunque il passo compiuto da Newton non deve essere stato difficile con tali precedenti. Gli scienziati dell'epoca – e per più secoli – accettarono di buon grado la definizione di *tempo assoluto* data da Newton: «Il tempo assoluto, vero, matematico, in sé e per sua natura senza relazione ad alcunché di esterno, scorre uniformemente, e con altro nome è chiamato durata»[19]. Eulero (1707-1783), nelle sue *Riflessioni sullo spazio e sul tempo* (1748)[20] rimarca, con chiarezza ineguagliabile, come «le idee di spazio e tempo hanno da sempre avuto una sorte parallela, cosicché coloro che hanno negato la realtà dell'uno hanno nel contempo negato la realtà dell'altro»[21]. E siccome «la realtà dello spazio è sancita da un [...] principio della Meccanica, il quale ingloba la conservazione del moto uniforme in una direzione data»[22], può dunque essere ribadito, in opposizione alla teoria relazionale di Leibniz e di ogni altra teoria non realista sullo spazio e sul tempo, «che l'identità della direzione, il quale è veramente una condizione essenziale nei principi generali del movimento, non può essere in alcun modo esplicata dalla sola relazione o dall'ordine dei corpi coesistenti. Quindi, deve esserci qualcos'altro di reale fuori dai corpi, in base al quale la nostra idea di *stessa direzione* è relazionata: appunto lo spazio, senza alcun dubbio, sul quale fondiamo la realtà»[23]. Ne consegue che «approvando la realtà dello spazio, anche il tempo acquista realtà, il quale esiste non solo nella nostra mente, ma scorre realmente, servendo come misura per la durate delle cose»[24]. E poiché – spiega Eulero – «noi abbiamo un'idea molto chiara del tempo» che collima con il fluire reale fuori della nostra mente, coloro che hanno creduto nella sua irrealtà in quanto pura percezione fenomenologica, «nel negare la realtà del tempo, hanno confuso il tempo stesso con l'idea che noi abbiamo di esso»[25].

Con Eulero il tempo si riappropria della sua realtà, così tanto combattuta lungo i secoli. Alla voce del sommo matematico si unisce il coro gigantesco di tutti i fisici e matematici dell'epoca. Lo spazio e il tempo non sono entità secondarie, relazionali o derivate. Non sono neanche entità fenomenologiche o nominalistiche, altrimenti dovrebbe essere fattibile dedurre le loro proprietà in modo derivato e costruire una fisica che non li indossi come nucleo o intelaiatura: e ciò, appunto, si è dimostrato impraticabile. Non è possibile edificare alcuna fisica senza degli opportuni modelli matematici di spazio e tempo che esprimano parametricamente il divenire delle cose.

La posizione nominalista sembrava, a questo punto, sepolta per sempre: senonché, a due secoli di distanza dal recupero newtoniano, una nuova teoria fisica avrebbe di nuovo messo in dubbio la realtà ontologica dello spazio e del tempo. Dopo l'avvento della relatività, infatti, il suo fondatore avrebbe potuto affermare che «per noi che crediamo nella fisica, la divisione tra passato, presente e futuro ha solo il valore di un'ostinata illusione»[26].

Note

1   Rimane del tutto ovvia la forzatura dell'intelaiatura in due sole scuole di pensiero, ma ciò è giustificato dalla valenza didattico-espositiva. Filosofi eccelsi come Platone, Aristotele, Agostino, Tommaso, stanno in realtà con un piede nella prima e l'altro nella seconda, essendo solo superficialmente classificabile il loro pensiero in merito, rispetto all'incastellatura prescelta. Pur tuttavia dovrebbe almeno essere eliminata alla base, preliminarmente, ogni apparente evidenza riguardo al loro pensiero sul tema, come invece appare ripetutamente nella letteratura contemporanea.

2   Come viene confermato dall'eracliteo Skitino: «Di tutte le cose il tempo è l'ultima e la prima, e in se stesso ha tutto» (STOBEO, *Ecl.* I, 843, in *Frammenti dei presocratici*, Padova 1958, p. 168).

3   L. RUGGIU, *Filosofia del tempo*, Milano 1998, p. 2. È bene però precisare che la problematica del celato pensiero parmenideo è ancora in parte aperta. Si va da lavori come quello di Soncini e Munari il cui pensiero parmenideo sul tempo rimane ovvio: «Il riferimento parmenideo al sentiero del giorno e sentiero della notte è troppo palese per essere ulteriormente esplicitato: l'Essere è immobile, immutabile, ed il divenire una illusoria parvenza umana» (U. SONCINI e T. MUNARI, *La totalità e il frammento. Neoparmenidismo e relatività einsteiniana*, Padova 1996, p. 53), o a pensatori come Berti, il quale avvisa senza mezzi termini un «Parmenide [che] può dunque essere considerato *ad honorem*, se non incontrovertibilmente dal punto di vista storico, colui che ha introdotto nella storia della filosofia il concetto di eternità extra-temporale» (E. BERTI, *Tempo ed eternità*, in L. RUGGIU (a cura di), *Filosofia del tempo*, op. cit., p. 15), a testi più critici, come M. PULPITO, *Parmenide e la negazione del tempo. Interpretazioni e problemi*, Milano 2005, dove l'autore – per quanto riguarda «una radicale messa in discussione della stessa realtà del tempo» (ivi, p. 176) – propende a far pendere l'ago della bilancia più verso Platone che non su Parmenide.

4   Cfr. E. MEYERSON, *La deduzione relativistica*, intr. e trad. di C. Vinti, Pisa-Roma 1998.

5   E. SEVERINO, *Divenire e tempo*, in G. GIORELLO, E. SINDONI, C. SINIGAGLIA, *Il tempo tra scienza e filosofia*, Milano 2002, p. 233.

6   K.R. POPPER, *La ricerca non ha fine. Autobiografia intellettuale*, Roma 1978, p. 133.

7   U. SONCINI e T. MUNARI, *La totalità e il frammento. Neoparmenidismo e relatività einsteiniana*, op. cit., p. 67. Pure interessante è M. PAURI, *La questione dell'oggettività dello spazio-tempo: un excursus da Parmenide ad Albert Einstein*, in «Nuova Civiltà delle Macchine», XXIV, 3, 2006.

8   H. Weyl, *Filosofia della matematica e delle scienze naturali*, Torino 1967, p. 140.

9   Lucrezio, *De rerum natura*, op. cit., I, v. 459.

10 Aezio, I, 22, 6, cit. in M. Untersteiner, *I sofisti*, Torino 1949, p. 284.

11 Cfr. S. Agostino, *La Città di Dio*, Roma 1949, XII, c. 15.

12 E. Cassirer, *Storia della filosofia moderna*, op. cit., p. 686.

13 I. Kant, *De mundi sensibilis atque intelligibilis forma et principiis*, § 14-15, in *Le quattro dissertazioni latine*, Milano 1944. Scrive nella *Dissertazione* del 1770: «Il tempo in sé, considerato assolutamente, ... [è] un ente immaginario» (ivi, § 14, n. 6).

14 E. Schrödinger, *L'immagine del mondo*, Torino 2001, p. 350.

15 M. Capek, *Il mito del paesaggio "congelato": lo status del divenire nel mondo fisico*, in V. Fano - I. Tassani (a cura di), *L'orologio di Einstein. La riflessione filosofica sul tempo della fisica*, op. cit., p. 52.

16 Naturalmente, come è stato già detto, si potrebbero infilare molte più perline (nomi) nella "collana" del tempo irreale, se non fosse per il rischio di diminuire l'intelligibilità del discorso complessivo. Tra le perline mancanti, però, non può essere giustificata l'omissione del filosofo inglese John McTaggart. Era il 1908 quando pubblicò sulla rivista Mind un articolo dal titolo «The Unreality of Time», che avrebbe poi riproposto, con leggere modifiche, nella sua opera maggiore, *The Nature of Existence* (uscita postuma in due volumi negli anni 1921-1927). In quel saggio, il filosofo presentò un celebre argomento, noto in seguito come «paradosso di McTaggart», con il quale tentava di dimostrare l'irrealtà del tempo. È doveroso aggiungere che il filone aperto da McTaggart trova oggi sempre più accoglimento e interesse, fosse solo per i molteplici agganci con il pensiero einsteiniano. Per un approfondimento si rimanda ai seguenti testi: J.E. McTaggart, *L'irrealtà del tempo*, Milano 2006; V. Fano e I. Tassani (a cura di), *L'orologio di Einstein. La riflessione filosofica sul tempo della fisica*, op. cit., cap. I: *Il divenire è soggettivo o oggettivo?*, pp. 13-69; P. Turetzky, *Time*, op. cit., pp. 121-136; M. Dorato, *Futuro aperto e libertà. Un'introduzione alla filosofia del tempo*, op. cit., pp. 51-56.

17 Plotino, *Enneadi*, op. cit., III 7, 12.

18 B. Telesio, *De rerum natura*, I, c. XXIX, Roma 1980, p. 598.

19 I. Newton, *Principi matematici della filosofia naturale*, op. cit., pp. 105-6.

20 L. Eulero, *Reflexions sur l'espace et le temps*, «Memoir de l'Academie des Sciences de Berlin», 4, pp. 324-333, parr. 17-18; in *Leonhardi Euleri Opera Omnia*, ser. III, vol. 2, pp. 376-383.

21 Ivi, paragrafo 18.

22 Ivi, paragrafo 17.

23 Ibidem.

24 Ivi, paragrafo 18.

25 Ibidem.

26 A. EINSTEIN, Lettera al figlio e alla sorella di Michele Besso del 21 marzo 1955, in A. EINSTEIN, *Opere scelte*, op. cit., p. 707.

XI

Bergson e la freccia del tempo

«Caro Michele, [...] mi è impossibile comprendere le domande che tu poni. Tu parli di un "flusso obbligato di tempo". La parola "obbligato" implica però un'esperienza soggettiva, i contenuti di coscienza e l'ordine in cui essi ci appaiono necessari (a causa del ricordo). In tutto ciò il "qui e ora" svolge un ruolo determinante; ma anch'esso va eliminato nella costruzione concettuale del mondo oggettivo (proprio per questo Bergson era tanto offeso)»[1]. È Einstein che cerca di parare i colpi impartiti dal suo Besso.

Bergson era giustamente offeso: dopo essere stato battezzato come «filosofo del tempo» per aver passato una vita intera alla ricerca, approfondimento, meditazione, riflessione continua circa singolarità, noumenicità, trascendenza rispetto alla materia e ontologia del tempo, era ora costretto ad accettare che il "qui e ora" – il *momento*, come lo chiamerebbe Kierkegaard[2] – fosse declassato a parvenza incausale, una bolla di sapone senza sostanzialità, perché imposto dalla nuova fisica. Bergson deve aver visto in Einstein un Hegel incline a «includere tutta la realtà in un sistema»[3] – per dirla con Feuer – che perde però i dettagli *vitali* che non rientrano nella fisica: un po' come fece Kierkegaard, che per lo stesso motivo accusò Hegel di aver deciso per una vuota totalità metafisica, vanificando del tutto *il momento* all'interno della storia universale, ed annullando così la libertà stessa. In una parola – scrisse Kierkegaard – egli commise «un suicidio spirituale»[4].

Ma l'amico Michele Besso non cedette alle argomentazioni di Einstein, anzi pubblicò un articolo sulla irreversibilità del tempo: in fondo aveva imparato più Einstein da Besso che viceversa, e conosceva fin troppo bene la verità dell'affermazione di Eulero: «In generale la grandezza dell'ingegno non garantisce mai dall'assurdità delle opinioni abbracciate»[5]. A distanza di un anno Einstein risponde ad una nuova lettera dell'amico Besso, il quale cerca di scusarsi per non aver ceduto più di tanto alla sua autorità. Einstein, a questo punto, impone la visione generale della fisica del XX secolo, come se la sua teoria non avesse trasfuso le nuove concezioni di spazio e tempo a cascata su ogni altra: «Caro Michele, [...] ritengo che questa sia una regola generale; che, in altre parole, la freccia del tempo sia collegata in tutto e per tutto alle condizioni termodinamiche. Se il processo elementare dipendesse dalla freccia del tempo, l'instaurarsi d'un equilibrio termodinamico sarebbe del tutto incomprensibile. [...] Per il grado di conoscenza diretta dei processi elementari di cui disponiamo, per ogni processo ne esiste un altro ottenuto invertendo il tempo. Nemmeno la radiazione fa eccezione. Ogni processo elementare ha un suo inverso. Guai alla relatività se peccasse contro questo principio concernente la freccia del tempo. Tu accenni al modo in cui sei arrivato a macchiarti di tale colpa. Il fatto è che non riesci ad abituarti all'idea che il tempo soggettivo e il "qui e ora" non devono avere alcun valore oggettivo. Pensa a Bergson!»[6].

Ancora una volta Einstein invoca il filosofo francese come esempio di concezione superata, non più alla moda. La cosiddetta *freccia del tempo* simbolizza la unidirezionalità del tempo, un concetto che non trova dimora nella nuova fisica del primo Novecento. Se la freccia del tempo dovesse esistere, allora il tempo assumerebbe concretezza, una sua ontologia: significherebbe passare dalla visione nominalista a quella realista, con grande disastro per la teoria di Einstein! Chissà quale sarebbe stata la reazione di Einstein nello scoprire che gli ultimi esperimenti, da qualche decennio a questa parte, indicano proprio l'esistenza della freccia del tempo! L'osservazione è stata compiuta da due equipe internazionali di scienziati: una al Cern di Ginevra (gruppo di esperimenti denominati CPLEAR) e una al Fermilab di Chicago (gruppo di esperimenti denominati KTeV). Tutte queste osservazioni, che hanno cominciato ad assumere consistenza solo alla fine degli anni '90, riguardano processi che avvengono nel settore dei mesoni K (Kaoni) e le loro antiparticelle (antiKaoni), e dimostrano per la prima volta che la materia distingue tra passato e futuro: è stata infatti osservata la violazione della simmetria per inversione temporale[7].

Ma ciò, direbbe Bergson, è superfluo: «le questioni di principio sollevate nel dibattito»[8] non possono venire intaccate dalla logica del successo. La freccia del tempo esiste in quanto il tempo possiede un'esistenza indipendente dalla materia. È ontologicamente primario[9]. Bergson, per primo, individuò pressoché tutti i più rilevanti punti deboli del pensiero einsteiniano, tanto che i critici posteriori non poterono aggiungere grosse novità concettuali, se non quelle di sviscerare, approfondire e sistemare i dettagli dell'analisi bergsoniana, con argomentazioni a volte originali, a volte semplicemente espanse nei matematismi.

I punti erronei einsteiniani identificati dal filosofo francese si riducono sommariamente a: 1) *esistenza nominalistica del tempo*, 2) *frantumazione dell'intuizione unitaria di tempo*, 3) *relativizzazione della simultaneità*, 4) *violazione del principio di reciprocità*, 5) *tradimento del principio di relatività*, 6) *manipolazione semantica delle trasformazioni di Lorentz*, 7) *dissimulazione del punto 5 tramite l'introduzione dello spaziotempo di Minkowski*, 8) *contrazione dello spazio*, 9) *dilatazione del tempo*, 10) *paradosso dei gemelli*.

Esaminiamo adesso da vicino i vari punti, cercando nel contempo di essere sintetici, sapendo che meriterebbero un intero volume dedicato ad essi. Incominciamo con il primo punto:

[1] *Esistenza nominalistica del tempo.* È quanto abbiamo visto fino adesso. Ciò diventa ancor più evidente se seguiamo lo sbocco successivo nato con la collaborazione di Kurt Gödel: «Ancor oggi si possono trovare eminenti fautori della tesi che la relatività ristretta implica solo che lo scorrere del tempo debba essere connesso a un sistema di riferimento, e che la relatività della simultaneità – combinata col fatto che il procedere dell'"adesso" rappresenta il flusso della realtà – significa semplicemente che la realtà stessa dev'essere relativizzata a un sistema di riferimento. L'interrogativo non posto è il seguente: questa conclusione ha un senso? Cinquant'anni fa Gödel aveva già

la risposta: "Il concetto di esistenza [...] non può essere relativizzato senza distruggerne completamente il significato". Come lo sapeva? La relatività aveva forse corretto il nostro concetto di esistenza? Gödel considerava un'ipotesi del genere priva di senso. [...] Noi possiamo avere un mondo in cui c'è il tempo o un mondo in cui c'è l'esistenza, ma non l'una e l'altra cosa. Gödel fece l'unica scelta razionale: un mondo senza tempo. Poiché nella relatività ristretta non c'è alcun singolo "adesso" oggettivo su scala mondiale, e poiché non possono esserci fiumi di tempo multipli ognuno dei quali determini l'avanzare della realtà, ne segue che non c'è semplicemente uno scorrere universale dell'"adesso", o un passare universale del tempo che non sia in contraddizione con la relatività. [...] La relatività ristretta, quindi, [...] è in contraddizione [...] con la realtà del tempo nel senso intuitivo. Non c'è alcun modo per aggirare questa difficoltà: se il tempo qual è sperimentato nella vita comune non dev'essere ideale ma del tutto reale, Einstein deve avere torto. [...] Per Gödel, se i viaggi nel tempo sono possibili, il tempo non esiste. L'obiettivo del grande logico non era quello di permettere l'accesso in fisica al proprio episodio favorito di *Star Trek*, bensì piuttosto quello di dimostrare che, se si segue la logica della relatività [...] i risultati non illumineranno bensì *elimineranno la realtà del tempo*» (pp. 141-144) [10].

[2] *Frantumazione dell'intuizione unitaria di tempo*. Già durante «l'eloquente intervento di Bergson»[11] del 6 aprile 1922, il filosofo aveva indicato come punto prioritario quello del *tempo unico*: «Il senso comune crede a un tempo unico, lo stesso per tutti gli esseri e per ogni cosa»[12]. Questo è quanto di più fondamentale noi abbiamo per "visualizzare" o intuire l'esistente. Nessuna visione d'insieme sarebbe possibile senza di esso. Un aspetto fondamentale del tempo unico è la *simultaneità assoluta*. «Essa è data intuitivamente. Ed è assoluta per il fatto che non dipende da nessuna convenzione matematica, da nessuna operazione fisica come una regolazione di orologio»[13]. Ogni intuizione la presuppone alla base. Così come il celebre *procedimento elenchico* usato da Aristotele per evidenziare la contraddittorietà in cui cade chi nega il principio di non-contraddizione, perché proprio nel

momento in cui lo nega ne fa uso, anche il tempo unico e la simultaneità assoluta entrano surrettiziamente laddove si tenti di dimostrare il contrario. Durante la discussione con Einstein, Bergson fu stuzzicato dallo psicologo parigino Henri Piéron, direttore del laboratorio fisiologico della Sorbona, secondo cui elementi dell'intuizione di tempo, come la simultaneità, a livello psicologico rimangono imprecisi. Bergson risponde elenchicamente: «la constatazione psicologica di una simultaneità è necessariamente imprecisa. Ma, per stabilire questo punto tramite esperienze di laboratorio, bisogna far ricorso a delle constatazioni psicologiche di simultaneità – ancora imprecise –: senza di esse non sarebbe possibile la lettura di nessun apparecchio»[14].

Come esempio di introduzione surrettizia della tesi di Bergson nelle argomentazioni relativistiche, prendiamo la trattazione data da Reichenbach nei riguardi del problema della sincronizzazione di orologi distanti nello spazio per mezzo di segnali: «Per determinare la simultaneità di eventi distanti dobbiamo conoscere una velocità, e per misurare una velocità dobbiamo conoscere la simultaneità di eventi distanti. Il presentarsi di questa circolarità dimostra che la simultaneità non è materia di conoscenza, ma di *definizione* coordinativa, dato che il circolo logico mostra che la conoscenza della simultaneità è impossibile in linea di principio»[15]. Qui, qualora volessimo correggere il pasticcio operazionista creato da Reichenbach, sarebbe da dire: se «la simultaneità non è materia di conoscenza» (nel senso *operativo*), ciò deve essere dovuto alla sua priorità epistemica. Scrive Francesco Severi: «La definizione einsteiniana di simultaneità, che cioè due segnali luminosi prodotti ad uguali distanze da me sono simultanei se li percepisco nello stesso istante, o contiene [...] un circolo vizioso, perché io non posso misurare intervalli di tempo se non posseggo già la nozione di simultaneità; oppure si appoggia sul concetto "spontaneo ed intuitivo" di contemporaneità, che invece si vorrebbe respingere»[16].

Scriveva Maritain già nel '23 : «Due lampi, prodotti in A e B, "sono simultanei se l'osservatore li scorge nel medesimo tempo", nel suo apparecchio. "Simultaneamente", "contemporaneamente", sono io che sottolineo. Il lettore attento ha già notato, che questa defini-zione non definisce niente, poiché suppone il definito; che può fare il riscontro del movimento "luminare dei corpi luminosi". I due lampi, prodotti ai punti A e B, sono *simultanei,* se sono percepiti *simulta-neamente,* da un osservatore, che osservi *simultaneamente* questi due punti... Si è che, nella realtà, non si cerca affatto di definire la simul-taneità, si suppone al contrario la simultaneità già *nota...*»[17].

[3] *Relativizzazione della simultaneità.* Si tratta del nucleo centra-le di ogni critica alla trattazione einsteiniana. Il maggior numero di critici interviene su questo elemento (insieme al paradosso dei gemelli). Su questo punto Bergson viene preceduto nella critica da più di un fisico, in particolare dal grande Lorentz. La relativizzazione della simultaneità da parte di Einstein «non incontrò mai il favore di Lorentz. Egli sostenne, ancora nel 1927 (l'anno prima della morte) che non c'era ragione per non continuare ad usare "quelle nozioni di spazio e di tempo che ci sono sempre state familiari e che io, per parte mia, considero come perfettamente chiare e, inoltre, come distinte l'una dall'altra": "La mia nozione di tempo è così netta che io distin-guo chiaramente nella mia rappresentazione ciò che è simultaneo e ciò che non lo è"»[18]. Parleremo più approfonditamente di questo punto nel prossimo capitolo, con la voce di Jacques Maritain.

[4] *Violazione del principio di reciprocità.* Un altro punto cardine bistrattato dalla maggior parte dei relativisti. Qui Bergson fa sentire efficacemente il suo acume filosofico. Cfr. H. Bergson, *I tempi fittizi e il tempo reale,* in *Durata e simultaneità,* op. cit.; un articolo pubblicato in «Revue de Philosophie» il 5 maggio 1924 in risposta alla recen-sione di André Metz, *Le temps d'Einstein et la philosophie. A propos de la nouvelle édition de l'ouvrage de M. Bergson «Durèe et simultanéi-té»,* pubblicata nella stessa rivista, nello stesso anno. Su questo punto Bergson ha il sostegno incondizionato di due giganti come Poincaré e Severi. Approfondiremo l'argomento in un capitolo successivo, quando tratteremo del *paradosso dei gemelli.*

[5] *Tradimento del principio di relatività*. L'analfabetismo filosofico dei fisici del Novecento trova particolare enfasi su questo argomento. Bergson individua con lucidità che «nella teoria della Relatività, non c'è più un sistema privilegiato. [...] L'essenza stessa della teoria è questa»[19]. Con ciò intende rimarcare il nucleo midollare del principio di relatività fin dai tempi di Galileo. Ora, il *principio di relatività* è un argomento squisitamente filosofico, come abbiamo già avuto modo di vedere. La sua riformulazione in veste matematica apporta certamente utilità strumentale – sebbene *accidentale*, direbbe Maritain – ma la sua totalità semantica non può dissolversi esaustivamente in essa. «Ogni sistema di equazioni – per usare ancora una volta le parole di Bridgman – può comprendere solo una piccolissima parte della situazione fisica effettiva: dietro le equazioni vi è uno sfondo descrittivo enorme, tramite il quale esse stabiliscono legami con la natura»[20]. Diversamente sarebbe possibile, ad esempio, convertire in modo esaustivo l'intera geometria in algebra e ciò, nonostante non siano in pochi coloro che credono fermamente nell'effettiva fattibilità per via della perfetta biunivocità dei due mondi cartesiani, rimane impossibile in via di principio. La biunivocità, infatti, concerne il reame della *quantità* ma non quello della *qualità*[21].

Tale cecità epistemica, di credere cioè ad un *riduzionismo* matematico, ha portato una serie di conseguenze catastrofiche all'interno della stessa matematica, oltre che nel cuore stesso della fisica. Indagare il principio di relatività – ritornando al punto di partenza – significa usare un "occhio da filosofo": il solo aspetto matematico non è sufficiente. E siccome nelle università chi studia fisica non accede nel contempo al mondo di Platone e Aristotele, si spiega in tal modo quel daltonismo epistemologico che accompagna in genere lo studioso della *physis* nella nostra epoca. Ecco il motivo per cui non si è compresa la contraddizione tra la fenomenologia (antirelativistica) della relatività einsteiniana e il principio di relatività. Spiega Umberto Bartocci, «Il Principio di Relatività implicherebbe che un certo fenomeno non può essere vero; esso appare invece sperimentalmente ben confermato; ... Ne scaturirebbe la bizzarra (da un punto di vista logico) circostanza secondo cui [... la] Relatività sarebbe capace di prevedere un fenomeno quale è quello della dilatazione dei tempi; questo risulterebbe sperimentalmente verificato; tale circostanza, anziché essere annoverata tra i successi e le conferme [... della teoria], verrebbe viceversa a costituire una delle sue smentite!»[22].

[6] *Manipolazione semantica delle trasformazioni di Lorentz*. Nel doppio senso di 1) aver "disattivato" la *parte attiva* introdotta dallo stesso Lorentz a sostegno della sua teoria (cioè il cosiddetto *aether frame* o *sistema privilegiato*), la parte cioè che rendeva *reale* e non «fantasmatica» – per usare la terminologia di Bergson – la cosiddetta *contrazione di Lorentz* (d'altra parte, proprio tale disattivazione risulta fondamentale alla stessa per poter essere etichettata come "teoria della relatività", così come era nella mente di Max Planck quando ne appiccicò il nome, e come in effetti si ritrova nello stesso «spirito fondamentale della relatività ristretta» – come garantisce Franco Selleri[23]); 2) aver "giocato" in modo "semi-operativo", utilizzando la tecnica e la metafisica operazionistica in "condizioni normali", durante cioè la *simmetrizzazione* delle trasformazioni: "ciò che misuro io" è uguale a "ciò che misuri tu", annullando quindi ogni sostanzialità e riducendo tutto a pura apparenza. Con le parole di Francesco Severi, «Ci si aspetterebbe [...] che la contrazione avvenisse [...]. Ma in realtà tale aspettazione è frutto di un'illusione. [...] Ma tale spiegazione [cioè della contrazione reale] cadrebbe di fronte all'osservazione che la contrazione delle lunghezze nel senso del moto (come la dilatazione dei tempi, cioè il ritardo degli orologi) è in sostanza una mera *apparenza* perché è reciproca per gli osservatori *A* e *B*»[24].

Senonché, in un secondo tempo, si "switcha" (commuta) in modalità *attiva* (reale) e non più *operazionale* (apparente), appena si presenta l'occasione, come nel paradosso dei gemelli. Si ottiene in questo modo un'amalgama tanto irresistibile quanto scorretta, specialmente se si tiene conto del fatto che ciò passa del tutto inosservato dalla collettività. Ecco un esempio di operazionismo prima esaltato e subito tradito.

In una lettera-articolo del 20 giugno '97, dal titolo *Sull'aspetto solipsistico della teoria della relatività* (oggi all'interno di *Asimmetrie antirelativistiche*, a cura del presente autore, Lecce 2015), avente come destinatari i proff. Umberto Bartocci e Marco Mamone Capria (e in un secondo momento i proff. Franco Selleri e Fabio Cardone), il presente autore ha cercato di tracciare una linea di confine in merito a quanto appena detto: si può infatti dimostrare tramite esperimenti mentali che usano una completa simmetria di moto (anche non uniforme) – come il moto di due astronavi che abbiano identico e simmetricamente opposto programma di volo – che le misure esterne effettuate (cioè quelle fatte dall'astronave *A* su *B* e viceversa) siano rigorosamente apparenti e non rispondano alla realtà (sono cioè *solipsistiche*). Si tratta dell'emersione di un FLOP. È interessante notare come, a due anni di distanza, un valente fisico statunitense di origine cinese sia arrivato alle stesse conclusioni con un'argomentazione assai simile e identici *Gedankenexperimenten*: L.J. Wang, *Symmetrical Experiments to Test Clock Paradox*, «Physics and Modern Topics in Mechanical and Electrical Engineering», July 1999.

[7] *Dissimulazione del* punto 5 *tramite l'introduzione dello spazio-tempo di Minkowski*. Le teorie relativistiche, storicamente parlando, sono tre[25]: la teoria di Lorentz-Poincaré (*relatività epistemologica*), la teoria di Einstein (*relatività ontologica*), la teoria di Minkowski (*relatività formale, o gruppale o di invarianza-covarianza*). L'equivalenza è al solo livello formale, mentre «la differenza filosofica non [è]… di poco conto»[26]. In particolare, nell'approccio di Minkowski, le regole di trasformazione (gruppo) per passare da un sistema di riferimento ad un altro – unitamente alla struttura geometrica-formale – tendono a garantire l'invarianza delle leggi, "capovolgendo" il significato fisico-filosofico sottostante[27]. A causa di questa sovrapposizione epistemologica, spesso e senza consapevolezza, si arriva a definire la teoria della relatività come «teoria dell'assoluto»[28]. Minkowski arriva ad una «visione sostanzialista dello spaziotempo» – ed è in questo senso il recupero dell'"assolutismo" newtoniano – «lungo una linea di pensiero puramente matematica»[29]: antirelativisticamente il professo-

re di matematica di Einstein vede la «possibilità di rinsaldare le teorie fisiche sull'idea che l'essenza stessa del mondo deve essere assoluta»[30], tanto che, nel lavoro di Minkowski, «Einstein vedeva il riemergere in fisica di uno spazio tanto assoluto quanto lo era quello di Newton»[31], quella «mostruosità concettuale» – per usare le parole di Mach – che avrebbe potuto solo offuscare la cristallinità concettuale del *postulato di relatività*.

[8] *Contrazione dello spazio*, [9] *Dilatazione del tempo*, [10] *Paradosso dei gemelli*. Ad essi è dedicato, in buona parte, *Durata e simultaneità*, così come al *paradoxe des jumeaux* è dedicato *I tempi fittizi e il tempo reale*, elaborato due anni dopo. L'attacco più sferrato di Bergson riguarda proprio il paradosso dei gemelli, probabilmente perché la prima volta che si parlò di relatività di fronte a un congresso di filosofi fu quando Paul Langevin indirizzò al Congresso Internazionale di Filosofia a Bologna il celebre discorso intitolato *L'evoluzione dello spazio e del tempo*[32]. Era il 10 aprile 1911. In quell'occasione Langevin elaborò il celeberrimo argomento dei gemelli: «Pendant l'année que durera pour lui le retour, l'explorateur verra la Terre accomplir les gestes de deux siècles: on conçoit ainsi qu'il la trouve au retour vieillie de deux cents ans»[33]. Fu da questo discorso che Bergson trasse l'ispirazione per la sua critica all'interpretazione relativistica del tempo[34].

Qualche decennio più tardi toccò ad un compagno e collaboratore di Einstein riprendere la critica sul settore aperto da Bergson: Herbert Dingle. Faremo uso delle argomentazioni di quest'ultimo in un prossimo capitolo dedicato al paradosso dei gemelli, sia per la mole della trattazione elaborata da Dingle, sia perché questa assomma tutta la tematica elaborata dal filosofo francese, sia per rendere omaggio allo scienziato-filosofo inglese.

Note

1   A. Einstein, Lettera a Michele Besso del 13 luglio 1952, in A. Einstein, *Opere scelte*, op. cit., p. 695.

2   È notoria la posizione di Kierkegaard nei riguardi della centralità dell'*attimo*, del "qui e ora", del momento, assunto quasi come una sorta di *stargate*, di interfaccia tra l'agire e la libertà dello spirito umano e la dimensione di questo mondo. La divisione del presente, passato e futuro – per il filosofo danese – acquista significato soltanto nel «Momento», perché in esso «è posto il concetto di *temporalità*» (S. Kierkegaard, *Il concetto dell'angoscia*, in *Opere*, a cura di C. Fabro, Firenze 1972, p. 209).

3   L.S. Feuer, *Einstein e la sua generazione*, op. cit., p. 167.

4   S. Kierkegaard, *Diario*, Brescia 1980, VII 1 A 153.

5   L. Eulero, *Lettere a una principessa tedesca*, op. cit., lett. 24, p. 83. Si può dire, senza timore di esagerare, che tutte le più grandi ispirazioni avute da Einstein sono nate sotto l'"ombra" scientifico-filosofica di Michele Besso, come per il caso della teoria della relatività ristretta. Ai familiari di Besso, appena saputo della sua scomparsa, Einstein scrive: «Ponemmo le basi della nostra amicizia durante gli anni di studio a Zurigo, incontrandoci regolarmente per serate di musica. Egli, più anziano e informato, trasmetteva molti stimoli. L'ambito dei suoi interessi sembrava semplicemente illimitato, ma quelli critico-filosofici apparivano i più forti. Più tardi ci riunì l'Ufficio Brevetti. Nei colloqui sulla via di casa c'era un incanto incomparabile, era come se le mediocrità quotidiane fossero all'improvviso sparite di scena» (A. Einstein, *Lettera al figlio e alla sorella di Michele Besso del 21 marzo 1955*, in A. Einstein, *Opere scelte*, op. cit., p. 706).

6   A. Einstein, Lettera a Michele Besso del 29 luglio 1953, in A. Einstein, *Opere scelte*, op. cit., p. 701.

7   Un fondamentale teorema della Fisica Teorica stabilisce che se, con un colpo di bacchetta magica, si potessero scambiare tutte le cariche elettriche positive con quelle negative – e viceversa (*coniugazione di carica* C) – e, nello stesso tempo, scambiare la sinistra con la destra (*parità* P) e insieme invertire il flusso del tempo (il passato diventa futuro e viceversa: *inversione temporale* T), ci troveremmo in un anti-Universo indistinguibile da quello in cui viviamo. Questo è, in parole povere, il Teorema CPT. I fisici erano comunque convinti che in realtà le singole *invarianze* fossero rispettate dalla natura: cioè che il mondo fosse indifferente allo scambio delle cariche elettriche, allo scambio destra-sinistra e allo scambio passato-futuro. I primi dubbi vennero a più di un fisico teorico negli anni '50 e in seguito fu confermato sperimentalmente: in realtà l'Universo distingue tra positivo e negativo (C) e tra destra e sinistra (P). Restava la possibilità che, comunque, cambiando le cariche (C)

e nel contempo la parità (P), l'Universo restasse lo stesso (invarianza CP). Ma alcuni fisici teorici teorizzarono che la stessa CP potesse essere violata a livello microscopico e nel 1964 tale violazione fu confermata sperimentalmente nel decadimento dei mesoni K. La violazione di CP era estremamente importante perché implicava una possibilità concreta di violazione della invarianza sotto inversione temporale (T): in effetti, gli esperimenti effettuati nell'ultima decade confermano tale violazione. L'Universo è in grado di distinguere (almeno a livello microscopico) tra passato e futuro! Il risultato contrasta con la convinzione espressa da Einstein che il tempo a livello subatomico non esiste. Recentemente, dopo l'osservazione della violazione di CP anche nel campo dei mesoni B, un intenso sforzo viene dedicato alla ricerca di violazioni di T in questo settore e, dai risultati sperimentali, sembra promettere più che bene. Cfr. A. ANGELOPOULOS et al., *T-violation and CPT-invariance measurements in the CPLEAR experiment: a detailed description of the analysis of neutral-kaon decays to \mathrme pn*, «The European Physical Journal C», 22, 1, 2001, o, anche, A. ANGELOPOULOS et al., *Physics at CPLEAR*, «Physics Reports», 374, 3, 2003, e le decine di articoli al riguardo nelle riviste specialistiche come *Physics Letters B* e *Physical Review Letters* negli ultimi tre lustri.

8   J. MARITAIN, *La metafisica dei fisici ossia la simultaneità secondo Einstein*, op. cit., p. 313.

9   Si noti che Einstein soleva mutare la sua concezione al riguardo a seconda del periodo, delle circostanze o della convenienza, del contagio ricevuto da altri (ad esempio Gödel), del bagaglio di riflessione accumulato, così come altresì avveniva per il concetto di spazio, quello di etere e di molte altre nozioni. Non per niente un fisico come Philipp Frank, nella sua biografia di Einstein, afferma: «quest'uomo non deve essere preso sul serio, si contraddice costantemente» (cit. in L. KOSTRO, *Einstein e l'etere. Relatività e teoria del campo unificato*, Bari 2001, p. 9). Per una controprova cfr. il lavoro di Kostro appena citato e, anche, P. YOURGRAU, *Un mondo senza tempo. L'eredità dimenticata di Gödel e Einstein*, op. cit.; C.J. BJERKNES, *Albert Einstein: the incorregible plagiarist*, op. cit.; M. MAMONE CAPRIA, *La crisi delle concezioni ordinarie di spazio e di tempo: la teoria della relatività*, op. cit., p. 375.

10 P. YOURGRAU, *Un mondo senza tempo. L'eredità dimenticata di Gödel e Einstein*, op. cit. Cfr. pure E. CUNNINGHAM, *The Principle of relativity*, Cambridge 1914, p. 191; L. SILBERSTEIN, *The theory of relativity*, London 1914; K. GÖDEL, *Teoria della relatività e filosofia idealistica*, in P.A. SCHILPP (a cura di), *Albert Einstein scienziato e filosofo*, op. cit.; E. CASSIRER, *Sostanza e funzione. Sulla teoria della relatività di Einstein*, Firenze 1973; A. GRÜNBAUM, *Philosophical problems of space and time*, New York 1963; O. COSTA DE BEAUREGARD, *La notion de temps. Equivalence avec l'espace*, Paris 1963; J.R. GOTT, *Time Travel in Einstein's Universe: The Physical Possibilities of Travel*

Through Time, New York 2002; P. NAHIN, *Time Machines*, New York 1999; P. DAVIES, *Come costruire una macchina del tempo*, Milano 2003; J. GRIBBIN, *Costruire la macchina del tempo. Viaggio attraverso i buchi neri e i cunicoli spazio-temporali*, Roma 1996; M. KAKU, *Iperspazio. Un viaggio scientifico attraverso gli universi paralleli*, Cesena 2002; M. KAKU, *Mondi paralleli. Un viaggio attraverso la creazione, le dimensioni superiori e il futuro del cosmo*, Torino 2006.

11 J. MARITAIN, *La metafisica dei fisici ossia la simultaneità secondo Einstein*, op. cit., p. 314.

12 *Discussione con Einstein* (6 aprile 1922), in H. BERGSON, *Durata e simultaneità (a proposito della teoria di Einstein)*, op. cit., p. 171.

13 Ivi, p. 173.

14 Ivi, p. 177.

15 H. REINCHEBACH, *Filosofia dello spazio e del tempo*, Milano 1977, p. 149.

16 F. SEVERI, *Aspetti matematici dei legami tra relatività e senso comune*, in M. PANTALEO (a cura di), *Cinquant'anni di relatività (1905-1955)*, Firenze 1955, p. 313). Cfr. pure M. LA ROSA, *Le concept de temps dans la théorie d'Einstein*, «Scientia», vol. 34, 1923.

17 J. Maritain, *La metafisica dei fisici ossia la simultaneità secondo Einstein*, op. cit., p. 318.

18 Cit. in M. MAMONE CAPRIA, *La crisi delle concezioni ordinarie di spazio e di tempo: la teoria della relatività*, op. cit., pp. 373-4.

19 H. BERGSON, *I tempi fittizi e il tempo reale*, op. cit., pp. 186-187; cfr. pure H. BERGSON, *La pensée et le mouvant*, nota 1 all'introduzione, tr. it. in H. BERGSON, *Durata e simultaneità*, op. cit., pp. 200-201.

20 P.W. BRIDGMAN, *La logica della fisica moderna*, op. cit., pp. 83-84.

21 Cfr. U. BARTOCCI - R.V. MACRÌ, *Il linguaggio della matematica*, op. cit.

22 U. BARTOCCI, *La dilatazione relativistica del tempo e il "paradosso dei gemelli": una polemica mai sopita*, «Giornale di Fisica», vol. 41, 1, 2000, p. 6.

23 F. SELLERI, *Il principio di relatività e la natura del tempo*, in "Giornale di fisica", XXXVIII, 2, 1997, p. 71.

24 F. SEVERI, *Aspetti matematici dei legami tra relatività e senso comune*, in M. PANTALEO (a cura di), *Cinquant'anni di relatività (1905-1955)*, op. cit., pp. 328-329.

25 Cfr. R. V. MACRÌ, *I FLOP nella trattazione relativistica del tempo*, op. cit., pp. 268-276.

26 F. SELLERI, *Relatività e relativismo*, «Revista de filosofia», 25, 2001, p. 36.

27 Cfr. S. Walter, *Minkowski, Mathematicians and the Mathematical Theory of Relativity*, in H. Goenner et al. (a cura di), *The Expanding Worlds of General Relativity*, Birkhäuser 1999; e, anche, O. Levrini, *Relatività ristretta e concezioni di spazio*, «Giornale di Fisica», 40, 4, 1999.

28 S. Bergia - M. Valleriani, *Relatività ristretta: convenzione o nuova concezione del mondo?*, «Giornale di Fisica», 39, 4, 1998.

29 H. Minkowski, *Raum und Zeit*, «Jahresb. deu. Mat.-Ver.», 18:75, 1909; «Phys. Z.», 10:104, 1909.

30 O. Levrini, *Relatività ristretta e concezioni di spazio*, op. cit., p. 208.

31 Ivi, p. 10.

32 P. Langevin, *L'évolution de l'espace et du temps*, «Scientia», vol. X, n. XIX-3, 1911.

33 Ivi, p. 51.

34 Cfr. P. Taroni, *Introduzione*, in H. Bergson, *Durata e simultaneità*, op. cit., p. xiii.

XII

MARITAIN IN DIFESA DELLA SIMULTANEITÀ

Al momento in cui Maritain stava per pubblicare il suo lavoro sulla critica dei fondamenti del pensiero einsteiniano – *La metafisica dei fisici ossia la simultaneità secondo Einstein* (1923) – anzi proprio «al momento di correggere le bozze di questo articolo»[1], riceve il volume *Durata e simultaneità* di Henri Bergson. È curiosa la "simultaneità" della *critica della simultaneità* einsteiniana da parte di due dei più autorevoli pensatori francesi! Scrive Maritain alla nota finale dell'articolo: «Bergson [...] giunge... a conclusioni identiche. Questa coincidenza conferma l'importanza capitale, per il filosofo, delle questioni prima sollevate»[2].

Il filosofo neotomista parte da una critica generale alla *metafisica operazionista*, la «più fallace metafisica»[3]: «Se il fisico è perfettamente nel vero quando dice: *un concetto è utilizzabile per me*, solo quando ho il modo di verificarlo per mezzo di una misura sperimentale, la ragione gli interdice assolutamente di affermare: un concetto *non ha significato in se stesso*, se non quando ho modo di verificare, col mezzo di misure sperimentali, l'idea di eguaglianza quantitativa, vale a dire: non significa nulla, fin tanto che io non sappia verificare, con misure sperimentali, se due grandezze sono uguali. Come se, quando noi ci accingiamo a verificare sperimentalmente, se due grandezze sono eguali, o non lo sono, noi non sapessimo già, in antecedenza, e per altra via, che cosa sia eguaglianza. È un errore così evidente, agli occhi di un filosofo, quello di confondere il *significato* di un concetto, o la natura presentata alla mente del medesimo, coll'*uso* che può esser fatto di questo concetto nella tale o tal altra disciplina speciale, e in modo particolare, quello di confondere una cosa, (un oggetto di concetto), con la misura che noi ne prendiamo, per mezzo dei nostri sensi, e dei nostri strumenti, che si esita a imputare a chi che sia un simile strafalcione. Tutto però concorre a mostrare che Einstein commette questo errore»[4].

Parole pesanti, ma che crediamo del tutto meritate nei confronti di Einstein. In fondo, è per questa via già battuta dalla teoria della relatività che la nascente *teoria dei quanti* ha potuto decollare: «Quando il fisico e filosofo neopositivista Philipp Frank (1884-1966) fece visita ad Einstein a Berlino nel 1932, questi lo lasciò di stucco ironizzando sulla "nuova moda sorta in fisica" secondo cui, se non è possibile determinare (in linea di principio) il valore di una grandezza fisica, ogni discorso su di essa non ha alcun senso. A Frank venne in mente che proprio questo era l'argomento con il quale si mettevano a tacere i sostenitori del concetto classico di simultaneità assoluta, e chiese: "Ma la moda di cui parli non l'hai inventata tu nel 1905?"; la replica di Einstein fu: "Una buona battuta non dovrebbe essere ripetuta troppo spesso"»[5].

«Già nel 1926, del resto, Einstein aveva detto al giovane Heisenberg, che difendeva la neonata meccanica quantistica secondo la quale non aveva senso parlare della traiettoria di un elettrone, che "ogni teoria di fatto contiene quantità inosservabili. Il principio di impiegare solo quantità osservabili semplicemente non può essere applicato in maniera coerente". E alla protesta di Heisenberg che quel principio era stato proprio alla base della relatività ristretta, Einstein rispose: 'Forse ho usato in passato questa filosofia, ma è lo stesso una sciocchezza"»[6].

«Un concetto *non ha significato in se stesso*, se non quando ho modo di verificare, col mezzo di misure sperimentali...»: un nucleo avvelenato, quello indicato da Maritain, che infetterà l'intera impalcatura della scienza del Novecento. Ad esempio, Linus Pauling – il padre del *legame chimico*, due volte premio Nobel, ideatore del concetto di risonanza e delle nuove regole per determinare le lunghezze dei legami chimici – nel suo libro *La natura del legame chimico* del 1937, un classico della letteratura chimica internazionale, scrive: «Diremo che tra due atomi o gruppi di atomi *esiste* un legame chimico, *se* le forze agenti fra essi danno luogo ad un aggregato di atomi sufficientemente stabile da consentire di *svelarne l'esistenza*» (corsivo aggiunto). Si tratta di un salto concettuale fatale: il *Trasferimento dal piano Gnoseologico a quello Ontologico* (TGO), da "quello che so" a "quello che è", «dal "come se" al "come è"»[7].

L'innesto ebbe luogo durante la trattazione einsteiniana del concetto di simultaneità, all'inizio del suo lavoro fondamentale del 1905, ma venne meglio esplicitata nella sua celebre esposizione divulgativa del 1917: «Questo concetto [la simultaneità] non esiste per il fisico fino a quando egli non ha la possibilità di scoprire nel caso concreto se tale concetto si verifichi oppure no. [...] Finché non viene soddisfatto tale requisito, io, come fisico (e lo stesso vale naturalmente per il non fisico), mi abbandono a un inganno, quando immagino di poter attribuire un significato all'affermazione di simultaneità. (Vorrei chiedere al lettore di non procedere oltre finché non sia pienamente convinto su questo punto)»[8]. Parole «perentorie e drammatiche», sottolinea Mamone Capria: «Si tratta di una dichiarazione estremamente impegnativa: due secoli di fisica (per non dire dei millenni del senso comune) sono trascorsi senza che nessuno si accorgesse di un "inganno" implicito in praticamente *tutte* le teorie!»[9].

A questo punto Einstein – per dimostrare la sua tesi, «*la relatività della simultaneità*»[10] – utilizza *un* esperimento mentale diventato ormai famoso come "l'esperimento mentale del treno di Einstein". Ora, come abbiamo visto, l'uso del *gedankenexperiment* di per se, crea un'estrema vulnerabilità nella metafisica operativo-verificazionista. Mille esperimenti a sostegno non sono sufficienti per garantire la consistenza dell'ipotesi: ne basta uno solo contrario, anche solo di stampo logico-teoretico – *Falsificatore Logico Potenziale* (FLOP) – per confutare la tesi di partenza. In effetti, proprio questo è quello che succede, come vedremo.

«Supponiamo che un treno molto lungo – scrive Einstein – viaggi sulle rotaie con velocità costante [...]. Due eventi (per esempio i due colpi di fulmine *A* e *B* [prossimi alle due estremità del treno]) che sono simultanei rispetto alla banchina ferroviaria saranno tali anche rispetto al treno? Mostreremo subito che la risposta deve essere negativa»[11]. La prova che la simultaneità è relativa – secondo Einstein – sta nell'indagine diretta *all'osservazione dei lampi* dei due fulmini: se i due lampi *appaiono* simultanei alla banchina, non possono più *apparire* simultanei all'osservatore ancorato alla parte centrale del treno (per principio, visto che il treno ha una sua velocità e nel frattempo che uno dei lampi si avvicina al punto centrale del treno quest'ultimo si allontana o si avvicina a seconda della direzione del lampo).

E siccome il *principio di relatività* esclude ogni sistema di riferimento privilegiato, ne consegue – conclude Einstein – che l'osservatore ancorato al treno ha la stessa autorità di affermare la non simultaneità dei due *fulmini* dell'osservatore posto sulla banchina, il quale può affermarne, al contrario, la perfetta simultaneità. Finisce in questo modo l'inganno di una simultaneità assoluta che ha tiranneggiato per millenni e in barba a innumerevoli pensatori di ogni sorta! Basterebbe questo, in fondo, per concludere con lo storico della fisica Enrico Bellone sulla figura gigantesca di un Einstein: «Il maggior filosofo del Ventesimo secolo»[12].

Peccato che l'argomentazione di Einstein sia viziata alla base da errori altrettanto "giganteschi"! E per giunta su più livelli. Proviamo a "sbirciare" – seguendo l'invito di Bridgman – dentro «il cappello del prestigiatore Einstein»[13]. Ci basta enucleare qui tre errori capitali[14]:

1) Perché mai la simultaneità dei due eventi (fulmini) deve coincidere con la simultaneità di ricezione dei due *segnali* (lampi)? Qui si vuole inferire la simultaneità dei fulmini, cioè degli eventi, dall'osservazione della simultaneità dei segnali! Un errore che un fisico non avrebbe dovuto neanche sfiorare. Specialmente in considerazione del tempo asincrono di percorrenza degli stessi, visto che il punto centrale del treno corrisponde al punto centrale di percorrenza dei lampi solo al momento dell'impatto dei fulmini, ma dopo non più a causa del ritardo di ricezione dei segnali: il treno si muove, trasportando il punto centrale con esso. Si intravede qui un primo esempio di TGO: "ciò che osservo" lo elevo a "ciò che è".

2) L'inferenza dal particolare al generale attraverso l'induzione non possiede da tempo nessuna credibilità: se qualche appunto di un certo interesse può essere scorto nel *Sistema di logica deduttiva e induttiva* del 1843, del filosofo ed economista britannico John Stuart Mill, molti residui si potevano ancora ravvisare nelle disquisizioni del "Wiener Kreis", il Circolo di Vienna dei filosofi positivisti logici costituito nella prima metà del Novecento (composto da pensatori come Otto Neurath e Rudolf Carnap). Ma ciò avvenne soprattutto per emulazione della strategia einsteiniana[15]. L'epistemologia contemporanea, successivamente, rase al suolo ogni nozione e convinzione sulla bontà dell'induzione. La metafora del *tacchino induttivista* ideata da Bertrand Russell[16] e l'intera opera di Karl Popper sono di per sé fin troppo note per essere ulteriormente esplicitate.

Qui basti ricordare uno dei punti cardini del celeberrimo capolavoro di Popper: «L'induzione non esiste, e la concezione opposta è un errore bell'e buono»[17]. Eppure, nonostante il fatto che l'intera epistemologia del Novecento abbia sconfessato in pieno il credo induttivista, Einstein non disconobbe mai il nesso che collega tale concezione con l'origine della sua teoria. Un pentimento sul piano epistemologico avrebbe avuto un segno di ammissione di errore all'interno della teoria. Einstein non ritrattò mai. E avrebbe potuto farlo. «Il relativismo di Einstein è di chiara derivazione positivistica ed è sorprendente che non sia mai stato ripudiato dal fondatore della relatività nonostante la sua netta presa di distanza da Mach»[18]. Si limitò semplicemente a dire, in una lettera del 28 marzo 1949 indirizzata a Solovine, le seguenti parole illuminanti: «Lei immagina che io guardi con serena soddisfazione all'opera della mia vita. Vista da vicino, però, la realtà è ben diversa. Non c'è una sola idea di cui io sia convinto che sia destinata a durare, e neppure sono sicuro d'essere sulla buona strada».

Pur tuttavia, l'epistemologia contemporanea ha da sempre chiuso un occhio al riguardo. Ebbene, se dicessimo che «Einstein ha elevato il particolare a universale», ciò basterebbe per addebitare un errore così riprovevole alla sua debolezza filosofica. Una *fallacia pseudo-de-*

duttiva, o come si diceva nella Scolastica, un argomento *ad ignorantiam*[19]. Ma l'errore di Einstein è molto più grande: non si tratta di aver innalzato semplicemente "ciò che appare" in uno specifico caso in "ciò che è" a livello universale, ma addirittura di aver elevato, con un doppio salto mortale da un singolo esperimento mentale, "ciò che *non* misuro" in "ciò che *non è* e mai sarà"! Sarebbe come dire: «la libertà non si può misurare, dunque non esiste!»[20]. Allo stesso modo avrebbe avuto ragione Mach nel dire per le conoscenze del suo tempo: «gli atomi non si percepiscono, pertanto non esistono»[21]. Qui si confonde *l'indeterminazione* sul piano epistemologico con la *relativizzazione* sul piano ontologico. Esclama legittimamente Maritain: «essi [i relativisti] intendono che la simultaneità stessa, in ciò *che la costituisce intrinsecamente*, è relativa, (poiché, per questi pronipoti di Kant, ciò che costituisce intrinsecamente la simultaneità altro non è che la sua apparenza...)». E aggiunge: «Quella che è in giuoco qui, è semplicemente la stessa intelligenza»[22].

Eppure, nella prima metà del secolo scorso, l'errore logico-epistemologico-concettuale di Einstein e dei «relativisti... infettati di nominalismo»[23] divenne una moda: si pensi ad Heisenberg quando bandisce dalla teoria dei quanti tutte le grandezze non osservabili, come le traiettorie degli elettroni intorno ai nuclei degli atomi: «non si vedono, dunque non esistono». Dal medesimo punto di vista ci sarebbe molto da dire anche sullo stesso *principio di indeterminazione* di Heisenberg del 1927. Era questa, in fondo, la critica prima accennata lanciata ad Einstein dal fisico e filosofo Philipp Frank. Scrive Franco Selleri: «Cosa significa esattamente l'affermazione che la posizione di una particella in un'onda che riempie una regione estesa di spazio è incerta? Significa che la particella ha ad ogni istante una posizione in questa regione di spazio, ma che noi ignoriamo questa posizione e forse anche ci è impossibile determinarla? Oppure significa che la posizione della particella in tutta l'estensione di questa regione è realmente indeterminata, e che essa vi è in qualche modo 'onnipresente'? Tutte le riflessioni che ho compiuto su questo problema negli ultimi anni mi hanno portato a pensare che la prima interpretazione è molto chiara e del tutto naturale, mentre è ben difficile dare alla seconda un significato veramente soddisfacente. [...] Il fatto che il valore di una grandezza sia ignoto (o persino che noi siamo nell'impossibilità pratica di determinarlo) non implica in alcun modo che questo valore sia indeterminato»[24].

3) Abbiamo precedentemente affermato: «Chi di *Gedankenexperiment* ferisce, di FLOP perisce». Veniamo ora a dimostrarlo. Quando il particolare (in questo caso un esperimento mentale) si eleva a generale, si espone automaticamente al *falsificazionismo popperiano* più spietato: è sufficiente un solo esempio contrario per far crollare l'intera argomentazione (e già questa considerazione basta da sola per evidenziare un ulteriore errore dei relativisti: se le cose stanno così, come si può pensare di essere fuori da ogni dubbio e soddisfatti di quelle «poche mosse che abbiamo realizzato per demolire la simultaneità assoluta»?[25]). Qui basterebbe, ad esempio, indicare anche un solo caso dove la simultaneità è distinta e determinata, per far crollare l'intera impalcatura relativista (analogamente a quanto è avvenuto al teorema di von Neumann tramite il primo esempio di completamento deterministico di Bohm, e la dimostrazione del FLOP da parte di Bell[26]).

Chi scrive ha trovato il *falsificatore* fin dal '96, FLOP che è stato esaminato e sviscerato in convegni e pubblicazioni[27]. Il punto essenziale è che bisogna cogliere la simultaneità a livello di simmetria spaziale e non tramite simmetria temporale, come si è cercato di fare fino adesso. I due fulmini lasciano delle tracce (bruciacchiature o segni permanenti) sui punti A e B del treno e delle rotaie colpite. Ebbene, al di là delle relative sfasature dei segnali luminosi in arrivo agli osservatori posti al centro del proprio sistema di riferimento – *da non prendere assolutamente in considerazione* – rimane cartesianamente chiaro ed evidente che, se le misure delle distanze effettuate all'interno di ogni sistema (treno e banchina) tra A e B combaciano, allora la simultaneità è reale e determinata univocamente[28].

Note

1   J. Maritain, *La metafisica dei fisici ossia la simultaneità secondo Einstein*, op. cit. p. 328.

2   Ibidem.

3   Ivi, p. 316.

4   Ibidem.

5   M. Mamone Capria, *La crisi delle concezioni ordinarie di spazio e di tempo: la teoria della relatività*, op. cit., p. 375.

6   Ibidem.

7   P.C. Landucci, *Einstein confutato dalla fondamentale esperienza di Michelson*, «Studi Cattolici», 249, 1981, p. 727.

8   A. Einstein, *Relatività: esposizione divulgativa*, Torino 1967, pp. 58-9; o, anche, A. Einstein , *Opere scelte*, op. cit., p. 404.

9   M. Mamone Capria, *La crisi delle concezioni ordinarie di spazio e di tempo: la teoria della* relatività, op. cit., p. 375.

10 Einstein, *Relativity: The Special and the General Theory*, 1916; A. Einstein, *Relatività...*, op. cit., p. 61; o, anche, A. Einstein, *Opere scelte*, op. cit., p. 406.

11 Ibidem.

12 E. Bellone, *Il maggior filosofo del Ventesimo secolo*, «Le Scienze», n. 435, 2004, p. 5.

13 P.W. Bridgman, *La logica della fisica moderna*, op. cit., p. 169.

14 Per un'analisi dettagliata degli errori di Einstein riguardo all'esperimento mentale del treno e per ulteriori FLOP si rimanda alle altre pubblicazioni del presente autore. In particolare, *Anatomia del Gedankenexperiment*, in R.V. Macrì (a cura di), *I fondamenti della Relatività*, Lecce 2016.

15 «La corrente filosofica che fece capo ai Circoli di Vienna e di Berlino, e il cui manifesto fu intitolato "La concezione scientifica del mondo" (1929) formalizzò la strategia einsteiniana in una dottrina: quella secondo cui il significato di un qualsiasi enunciato non tautologico consiste nelle condizioni empiriche nelle quali siamo autorizzati a dire che esso è vero (*principio di verificazione*); enunciati non appartenenti alla logica o alla matematica e, d'altra parte, non passibili di una siffatta riduzione ad un insieme di esperienze possibili venivano semplicemente dichiarati privi di senso» (M. Mamone Capria, *op. cit.*, p. 375).

16 Il tacchino induttivista (*inductivist turkey*) è una metafora mirata a confutare le pretese di validità dell'inferenza induttiva: «Fin dal primo giorno questo tacchino osservò che, nell'allevamento dove era stato portato, gli veniva dato

il cibo alle 9 del mattino. E da buon induttivista non fu precipitoso nel trarre conclusioni dalle sue osservazioni e ne eseguì altre in una vasta gamma di circostanze: di mercoledì e di giovedì, nei giorni caldi e nei giorni freddi, sia che piovesse sia che splendesse il sole. Così, arricchiva ogni giorno il suo elenco di una proposizione osservativa in condizioni le più disparate. Finché la sua coscienza induttivista fu soddisfatta ed elaborò un'inferenza induttiva come questa: "Mi danno il cibo alle 9 del mattino". Purtroppo, però, questa conclusione si rivelò incontestabilmente falsa alla vigilia di Natale, quando, invece di venir nutrito, fu sgozzato» (cit. in A.F. CHALMERS, *Che cos'è questa scienza?*, Milano 1979, p. 24).

17 Il positivismo logico asseriva con Waismann che, «se non è in alcun modo possibile *determinare se un'asserzione è vera*, allora l'asserzione non ha alcun significato. Infatti il significato di un'asserzione è il metodo della sua verifica» (K.R. POPPER, *Logica della scoperta scientifica*, Torino 1970, p. 21). (Si ricordi l'esperimento appena citato di Einstein e le sue conclusioni). Popper risponde: «La teoria che sarà sviluppata nelle pagine seguenti si oppone radicalmente a tutti i tentativi di operare con le idee della logica induttiva» (ivi, p. 9).

18 F. SELLERI, *Lezioni di relatività. Da Einstein all'etere di Lorentz*, op. cit., p. 5.

19 Qui sarebbe da aggiungere una serie di fallacie aggiuntive: almeno due generalizzazioni indebite (ad dictum secundum quid e ab uno descendet omne), più una fallacia d'accidente converso e una irrilevanza causale.

20 Così come scriveva Paul-Henry Thiry d'Holbach nel 1770: «Nell'uomo, la libertà non è che la necessità che si trova dentro lui stesso» (P.H.T. D'HOL-BACH, *Sistema della natura*, Torino 1978, p. 256). «Sono stato in cielo e Dio non l'ho visto», avrebbe affermato un astronauta russo.

21 Sennonché un bel giorno arrivò la smentita da una nuova serie di esperimenti, e prima ancora da un'osservazione teorica fatta dallo stesso Einstein sul moto browniano.

22 J. MARITAIN, *op. cit.*, p. 320.

23 Ivi, p. 325.

24 F. SELLERI, *La fisica del Novecento. Per un bilancio critico*, op. cit., p. 101.

25 E. BELLONE, *Spazio e tempo nella nuova scienza*, Roma 1994, p. 92.

26 Sulla scia delle ricerche di Bohr, Heisenberg, Pauli, Born, Jordan e Dirac, che «permettevano di edificare un imponente edificio teorico basato su una concezione positivistica e pragmatistica della fisica» (F. SELLERI, *Fondamenti della fisica moderna*, Milano 1992, p. 62), «von Neumann esibisce la dimostrazione matematica che il programma delle teorie a variabili nascoste è condannato a fallire, vale a dire che nessuna teoria predittivamente equi-

valente alla meccanica quantistica può assegnare a tutte le osservabili valori precisi (anche se non conosciuti)» (G.C. GHIRARDI, *I fondamenti concettuali e le implicazioni epistemologiche della meccanica quantistica*, in G. BONIOLO (a cura di), *Filosofia della fisica*, op. cit., p. 466). La "impossibility proof" «assunse ben presto (grazie all'immenso prestigio del suo autore) il ruolo di un dogma che venne usato dai paladini dell'ortodossia contro gli "eretici": risulta perfettamente inutile che vi affanniate a cercare qualcosa che "ipse (von Neumann) dixit (cioè dimostrò)" non essere possibile» (G.C. GHIRARDI, *Un'occhiata alle carte di Dio. Gli interrogativi che la scienza moderna pone all'uomo*, Milano 1997, p. 177). Ma, decenni più tardi, si cominciò a sospettare che c'era qualcosa che non andava: «Di certo, il Teorema di von Neumann... riuscì a soggiogare un'intera generazione di fisici, che forse rinunciò a verificarlo. Che il Teorema fosse almeno in parte infondato cominciò a palesarsi nel 1952, quando Bohm costruì una teoria perfettamente coerente ove il concetto di trajettoria delle particelle veniva recuperato in pieno, introducendo così delle *variabili nascoste* che contraddicevano, nei fatti, le asserzioni di Von Neumann» (A OREFICE. e R. GIOVANELLI, *Attualità dei paradossi di Copenhagen*, «Il Nuovo Saggiatore», anno 16, 5-6, 2000, p. 75). Si creò in questo modo un primo dubbio sulla eventuale presenza di FLOP all'interno del Teorema: ciò porterà John Stewart Bell, negli anni '60, a dimostrare in modo nitido il FLOP nascosto nell'*impossibility proof* del grande matematico. Nuovi modelli "anti-neumanniani" vengono oggi prodotti di continuo, come testimonia Franco Selleri: «Il modello precedente realizza esattamente quello che proibisce il teorema di von Neumann» (F. SELLERI, *La causalità impossibile. L'interpretazione realistica della fisica dei quanti*, Milano 1988, p. 68). Per un approfondimento si rimanda a R. V. MACRÌ, *I FLOP nella trattazione relativistica del tempo*, op. cit., pp. 252-8.

27 Il presente autore ha esposto il FLOP all'interno del gruppo di ricerca "Geometria e Fisica" del Dipartimento di Matematica dell'Università di Perugia, e durante il congresso da lui promosso, insieme ai proff. Umberto Bartocci, Marco Mamone Capria, Giuseppe Arcidiacono, "Cartesio e la Scienza" (Dip. di Matematica – Università di Perugia, 4-7 settembre 1996). Cfr. pure R.V. MACRÌ, *Regarding the Theoretical and Experimental Foundations of Special Relativity*, presentato al convegno *Galileo Back in Italy II*, 26-28 maggio 1999, tenuto a Bologna con la presenza di grandi esperti sulla Teoria della Relatività e del quale è stato all'interno del Comitato Scientifico. Oggi all'interno de *I fondamenti della Relatività*, a cura del presente autore, Lecce 2016.

28 Si noti che il relativista non può invocare in questo caso la *contrazione di Lorentz* (per "opacizzare" ed appannare la cristallinità dell'esempio appena formulato), in quanto questa viene elaborata nella teoria della relatività a

partire dalla relativizzazione della simultaneità, la quale sta a fondamento della prima. E qualora si volesse prendere contraddittoriamente in considerazione la contrazione spaziale, sarebbe facile neutralizzarla: basterebbe confrontare le cosiddette *misure interne*, o misurare la distanza spaziale tra A e B dell'"altrui" sistema tenendo conto della contrazione suddetta. Per una trattazione più esaustiva si rimanda a R.V. MACRÌ, *Anatomia del Gedankenexperiment*, in R.V. MACRÌ (a cura di), *I fondamenti della Relatività*, Lecce 2016.

XIII

IL SILLOGISMO DI DINGLE
E IL PARADOSSO DEI GEMELLI

Il cosiddetto *paradosso dei gemelli* (d'ora in avanti PdG) fu introdotto dal fisico francese Paul Langevin nel 1911 seguendo il pensiero einsteiniano. L'argomento è ormai celeberrimo; basterà una concisa sintesi per arrivare dritto all'essenza. Di due gemelli *A* e *B*, il secondo parte per un certo viaggio – supponiamo in veste di astronauta a velocità rapportabili con quella della luce – fino ad arrivare ad una stella vicina o a un qualsivoglia punto della nostra costellazione. Al ritorno – e qui viene il bello – trova il fratello invecchiato rispetto a lui. Langevin porta l'argomentazione all'estremo, per renderla più accattivante ed evidenziare le questioni di principio: «Durante l'anno che durerà per lui il ritorno, l'esploratore vedrà la Terra compiere il suo cammino di due secoli»[1]. Basterebbe questo per fare della teoria di Einstein un argomento da salotto, o da disquisizioni filosofiche.

Non desta meraviglia, dunque, che la relatività abbia attirato l'attenzione di filosofi, scienziati e pensatori di ogni sorta, fino ad intessere il substrato "fabulatrico" e fantascientifico dell'intera società. Per intere classi di intellettuali, uomini di pensiero, studiosi, lo spazio-tempo einsteiniano è stato un incontro fatale, uno "stargate" per entrare «nella possibilità di dimensioni addizionali»[2]. Così, mentre i fisici di oggi giocano col "gatto di Schrödinger"[3], per quelli di domani è in arrivo il "ponte di Einstein-Rosen" con tanto di "passeggiate fra universi paralleli"[4]. Confessa candidamente D.H. Lawrence: «La relatività e la teoria quantistica mi piacciono perché non le comprendo e mi fanno sentire come se lo spazio si spostasse qua e là come un cigno che non può trovar riposo»![5]

Alle stranezze del PdG corrisponde una qualche evidenza empirica? Esiste un coro unanime di sì. Gli esperimenti fatti sui *muoni* da Rossi e Hall nel 1941 avvalorerebbero di primo acchito il concetto einsteiniano di "dilatazione del tempo": i muoni sono particelle subatomiche che hanno una vita media di 2 milionesimi di secondo, dopodiché si disintegrano spontaneamente in un elettrone e in due diversi neutrini: anche se viaggiassero alla velocità massima consentita, quella della luce, non potrebbero percorrere un tragitto più lungo di 600 metri. D'altra parte essi si formano nei raggi cosmici tra circa 10 e 20 km di altezza dalla superficie terrestre, e, ciò nonostante, alcuni arrivano fino a terra! Lo strano comportamento viene solitamente spiegato sotto la cornice relativistica: se dal loro punto di vista vivono 2 microsecondi, dal nostro vivono sufficientemente a lungo da arrivare nei nostri laboratori. Una sorta di paradosso dei gemelli a livello particellare.

Ancor più apertamente, la similitudine col PdG viene evidenziata tramite uno degli esperimenti più precisi e convincenti al riguardo, effettuato al CERN di Ginevra nel 1977. In questa esperienza furono misurate le vite medie dei muoni positivi e negativi usando l'anello di accumulazione di 14 metri di diametro. Muoni aventi una velocità pari a 0,9994 c – prossimi quindi alla velocità della luce – sono stati fatti circolare nell'anello. Si trovò un accordo eccellente con la formula einsteiniana della dilatazione dei tempi: i muoni allungarono la propria vita di ben 30 volte!

In effetti, gli esperimenti effettuati lungo il secolo che ci separa dalla nascita della teoria sono molti: «centinaia e centinaia di misure fatte su fasci di particelle instabili (muoni, pioni, iperoni, ...) hanno dimostrato che la vita media, fino all'istante della disintegrazione spontanea, dipende dalla velocità proprio come previsto» dalla relatività[6]. Ci sono poi conferme sul cosiddetto *effetto Doppler* relativistico e su una miriade di effetti secondari. Al riguardo, osserva il fisico Silvio Bergia, si possono contare una quantità sterminata di conferme sperimentali: «già una trentina di anni fa si potevano valutare in un milione all'anno»[7]. Ma allora, visto che la teoria sarebbe capace di prevedere un fenomeno quale quello della dilatazione dei tempi che, come abbiamo visto, risulterebbe sperimentalmente verificato, dove sta il problema? Per rispondere dobbiamo munirci dell'"occhio del filosofo" e assentire insieme a Berkeley che «in virtù di un duplice errore» si può «arrivare alla verità»: ma «non alla scienza»! Procediamo per punti:

1) Ogni esperimento va interpretato. Come ha mostrato il fisico e filosofo della scienza Pierre Duhem (1861-1916) nei primi del Novecento[8], nessuna evidenza può essere stabilita di per sé indipendentemente dal sistema teoretico nei cui termini essa è determinata: tanto le sue convalide quanto le sue smentite coinvolgono necessariamente l'intero quadro teoretico applicato. Perciò è ingenuo credere che i dati trovati siano evidenze sicure, indipendenti dalle interpretazioni con le quali li si definisce[9].

Nel nostro caso, poi, il *peso ermeneutico* può essere applicato su più fronti:

[*a*] Se Einstein avesse usato come termine chiave "riduzione della frequenza del clock di sistema" (così come sarebbe dovuto essere) al posto di quello più gravoso "dilatazione del tempo" avremmo avuto un'identica casistica sperimentale, ma avrebbe avuto ripercussioni pesanti sul versante dell'interesse filosofico e del successo, nonché sulle relative *Weltanschauungen*. Forse Minkowski neanche si sarebbe sporcato le mani[10]. Il tempo, precisa Herbert Dingle, «ha a che vedere con l'esistenza di orologi non più di quanto ne abbia con quella di salsicce, mentre il tempo, nella teoria di Einstein come nella fisica in generale, significa solo lettura di orologi. È a causa di questa confusione che gli "sperimentatori" hanno lasciato la relatività ai "matematici"»![11] Eppure Einstein ha giocato potentemente con tale ambiguità polisemica. Oggi sappiamo che gli orologi in moto rallentano il loro ritmo di marcia. Si tratta di un risultato sperimentale. Ma siccome non è stato mai compiuto prima del suggerimento di Einstein, lo scienziato lo assume come perfetta conclusione e dimostrazione del suo sillogismo: è il tempo che si deforma! Cadiamo così nello stesso

errore che abbiamo elencato prima: quello di equivocare la *quantità* con la *qualità*, la *sintassi* con la *semantica*, il *significante* col *significato*. Infatti ci sono due possibilità di spiegare il mistero: quella inverosimile che è l'orologio a seguire il tempo deformato, o quella semplicissima e ovvia che è l'orologio a essere deformato, non il tempo in sé. Le due spiegazioni danno le stesse casistiche sperimentali, ma non le stesse *weltanschauungen*: la nostra immagine del mondo ne risente fortemente.

[*b*] Se il «milione all'anno» di conferme sperimentali tocca poche variabili fra loro correlate (come in effetti risulta), quel "milione" si riduce a una manciata di rilevanti risultati effettivi.

[*c*] L'esperimento in sé non possiede valenza semantica univoca e definitiva: basterebbe fare un confronto con l'*esperimento della doppia fenditura* da Young fino ai nostri giorni, o addirittura con lo stesso *esperimento di Michelson e Morley*. C'è odore di FLOP persino qui! Per dare un assaggio: è sfuggito per più di un secolo un elemento cruciale nello studio e analisi della celeberrima esperienza che diventò, in seguito, base sinonimica ed epistemologicamente fondante della stessa relatività. Si tratta della contrazione dello specchio semitrasparente centrale ruotato a 45 gradi: questo fattore saltato e bistrattato disfa e "resetta" non solo l'esposizione e l'analisi degli stessi Michelson e Morley, ma di ogni altro "grande" che si sia occupato o abbia esaminato la traccia concettuale dell'esperimento in questione: Lorentz, Einstein, Minkowski, Poincaré, Pauli, Born, Bohr, Planck, De Broglie, Heisenberg… solo per citare qualche nome. In realtà tale *elemento eclissato* si aggiunge ai numerosi altri che vanificano e rendono nulla ogni spiegazione e analisi eseguita fino a oggi: è possibile dimostrare, finanche, che la stessa *contrazione di Lorentz* non risulta più idonea e sufficiente a "quadrare i conti" e che, anzi, l'unica via d'uscita è quella di eliminarla come fattore esplicativo, facendo "saltare" in questo modo la stessa relatività. Caso unico e paradigmatico nella storia del pensiero scientifico: lo stesso esperimento che vettorializzò la nascita della Teoria di Lorentz prima, e quella di Einstein dopo, potrebbe decretare la loro stessa fine! (Cfr. R. V. Macrì, *L'esperimento*

di Michelson e Morley: elementi eclissati ed ermeneutica emergente, op. cit.). Può infatti succedere che una data osservazione apparentemente a sostegno di una precisa tesi in un primo momento, lasci margini, in un secondo momento e sotto una diversa angolazione ermeneutica, per conferme indirizzate a una tesi totalmente diversa, se non per sconfermare la tesi di partenza.

[*d*] *L'osservazione analitica dell'esperimento*, poi, aggiunge ulteriori difficoltà alla problematica ermeneutica riscontrata. Infatti, non solo l'esperimento è polisemico in sé, ma acquista una sorta di rifrazione prismatica ermeneutica la stessa osservazione del meccanismo-ragionamento utilizzato per la sperimentazione. Scrive Dingle a questo riguardo: «Un esempio di illusione [gioco di prestigio] che fanno [i relativisti] e che abbiamo già incontrato è quella avanzata da Sir Lawrence Bragg relativa ai raggi cosmici ed espressa nel solito gergo su 'Nature' nelle parole: "mesoni di breve durata nei raggi cosmici appaiono a osservatori sulla superficie della Terra sopravvivere abbastanza a lungo per raggiungere il suolo". Non c'è bisogno di dire che la durata e la distanza della loro caduta non sono misurati da un cronometro e da un metro, ma vengono prima desunti da un ragionamento che include la teoria di Maxwell - Lorentz originale, poi ulteriormente "corretti" dalla teoria della relatività speciale, progettata proprio a tale scopo. È così sorprendente che la risposta [dopo tutto ciò] arrivi giusta?»[12]

2) *L'esperimento di Hafele e Keating*, l'esperimento più famoso e convincente perché realizzato con orologi macroscopici, possiede lacune interne insospettabili. «Nell'ottobre del 1971 – racconta Paul Davies –, J.C. Hafele, della Washington University di St. Louis, e Richard Keating ottennero in prestito dall'U.S. Naval Observatory, dove quest'ultimo lavorava, quattro orologi atomici»[13]. I due ricercatori americani tentarono di mettere alla prova il PdG. Gli orologi furono inizialmente accuratamente sincronizzati, dopo di che a due di loro, caricati su aerei di linea ordinari, fu fatto compiere un giro completo del pianeta verso est; altri due furono caricati su altri aerei

di linea e fecero un giro completo verso ovest. Dopo i voli gli orologi furono confrontati con altri due che erano rimasti a terra, nel laboratorio in cui l'esperimento era stato preparato. Si osservò, così viene scritto sui testi specialistici e non, che rispetto a questi ultimi il viaggio verso ovest aveva generato una perdita di circa 60 nanosecondi, mentre quello verso est aveva generato un anticipo di poco più di 270 nanosecondi[14]: «la dilatazione temporale prodotta dal moto degli aerei confermava la formula di Einstein»[15].

Eppure le cose, se guardate da molto vicino, non stanno in questi termini. Nonostante venga citato in buona parte dei testi universitari di fisica recenti e nei vari testi relativistici come esempio di «accordo più che soddisfacente tra teoria ed esperimento», in realtà «l'esperimento di Hafele-Keating è stato molto criticato»[16]. Lo stesso Hafele ammise: «Molte persone (incluso me stesso) sono riluttanti ad accettare il tempo ottenuto con uno qualsiasi di questi orologi: è indicativo di nulla»![17] Chi non è del settore ed è al di fuori del "magma relativistico" zeppo di contraddizioni, dubbi, discussioni, dibattiti accesi, contese, crede in buona fede alle favole somministrate al grande pubblico riguardo a un accordo sperimentale perfetto e inequivocabile. In tale trappola cadono i più. E non si creda che tale folla sia formata da persone analfabete: dentro si trovano artisti, pensatori, scienziati[18]. Ma non è tutto. L'esperimento viene ripetutamente portato come prova delle fallacie argomentative di Herbert Dingle[19], visto che il verdetto sperimentale viene dato come riprova della consistenza e validità della teoria di Einstein. Il bello è che proprio ammettendo dei risultati sperimentali rilevanti a sostegno del PdG si coglie ancor più in fallo l'argomentazione einsteiniana, come vedremo di seguito. Ci preme per adesso rimarcare il fatto che, se pur l'esperimento di Hafele e Keating venga comunemente presentato come il primo test superato tramite «orologi reali»[20], ciò si riveli falso: gli orologi atomici, infatti, funzionano con lo stesso principio atomico-particellare, perché la base del tempo è ugualmente determinata dalla frequenza di risonanza di un atomo. Nessuna differenza di classe, dunque, da quella utilizzata in precedenza. Gira e rigira, si tratta sempre di meccanismi particellari.

3) Herbert Dingle, esperto riconosciuto di spettroscopia e professore di Storia e Filosofia della Scienza a Londra, combatté fin dagli anni '50 un'epica battaglia contro più di un aspetto della teoria della relatività, in particolare contro l'invecchiamento asimmetrico di cui si parla nel paradosso dei gemelli. La sua eredità è conservata in quel prezioso testo del '72 che non finiremo mai di apprezzare. La parte più importante di questa eredità intellettuale lasciata dal fisico e filosofo inglese è quella denominata "sillogismo di Dingle", pubblicato fin dal '57 sulla prestigiosa rivista "Nature": «1. [Premessa maggiore] Secondo il postulato di relatività se due corpi (ad esempio due orologi identici) prima si separano poi si riuniscono non c'è alcun fenomeno osservabile che possa mostrare in senso assoluto che uno si è mosso anziché l'altro. 2. [Premessa minore] Se dopo il riavvicinamento un orologio fosse ritardato di una quantità dipendente dal movimento relativo, e l'altro no, questo fenomeno mostrerebbe che il primo si è mosso e non il secondo. 3. [Conclusione] Pertanto, se il postulato di relatività è vero, gli orologi debbono essere egualmente ritardati, o non esserlo affatto: in ogni caso i loro quadranti debbono mostrare lo stesso tempo dopo la riunione se lo mostravano prima della separazione»[21]. Commenta Selleri: «Poiché il sillogismo è il modello tecnico di perfetta deduzione, le sue conclusioni sono assolutamente inevitabili»[22]. «Dovrebbe essere ovvio – conclude lo stesso Dingle – che se c'è un effetto assoluto che è funzione della velocità, allora la stessa velocità deve essere assoluta. Nessuna manipolazione di formule e nessuna invenzione di ingegnosi esperimenti concettuali può alterare questo semplice fatto».

Il lettore viene a questo punto invitato a ricordare l'impalcatura relativista originaria, creata dall'intuito di Cartesio e dal Gran Naviglio di Galileo, perfezionata e portata a compimento da Newton. Ne abbiamo approfonditamente discusso nei primi capitoli quando abbiamo fatto entrare in scena i fondamentali concetti di *Principio di relatività, Moto Epistemicamente Determinato* e *Indeterminato, Frame swap, Principio di reciprocità.* Dall'impasto di tali ingredienti imprescindibili con l'argomentazione dell'effetto o paradosso dei gemelli emerge inequivocabilmente un FLOP. Bergson e Dingle avevano dunque ragione. La premessa maggiore di quest'ultimo è apodittica, ineccepibile. Specialmente in considerazione dell'ammissione dello stesso Einstein che abbiamo prima sottolineato: «Le proprietà dei regoli e degli orologi non dipendono né dalla posizione né dall'istante in cui si muovono, ... sono indipendenti dalla direzione [e]... *dalla storia precedente».* L'effetto gemelli rompe lo schema relativista. È anti-relativistico. Fino adesso ciò era stato occultato dall'oceano pitagorico del simbolismo matematico. La *formula* aveva coperto ed eclissato la *sostanza.* Ecco perché la riflessione di un Bridgman rimane sempre vera e attuale: «Ogni sistema di equazioni può comprendere solo una piccolissima parte della situazione fisica effettiva: dietro le equazioni vi è uno sfondo descrittivo enorme» che non può essere ingabbiato dal matematismo. Similmente alla tridimensionalità fisica, che può essere solo etichettata dal simbolismo, mai afferrata senza la complicità dell'intuizione. Scriveva il grande fisico, storico ed epistemologo francese Pierre Duhem nei primi anni del Novecento: «Il simbolo matematico creato dalla teoria si applica alla realtà allo stesso modo che l'armatura al corpo di un cavaliere bardato di ferro: tanto più è complicata, tanto più il metallo rigido appare flessibile; i molti pezzi, disponendosi a guisa di squame, assicurano un contatto più perfetto tra l'acciaio e le membra protette, ma per quanto numerosi siano i frammenti che la compongono, l'armatura non corrisponderà mai esattamente alla forma del corpo umano» (P. Duhem, *La teoria fisica: il suo oggetto e la sua struttura,* Bologna 1978, p. 197).

Come reagì a tale frecciata l'establishment scientifico? Per mano del prof. McCrea: «Nella lettera del Professor Dingle, l'enunciato (1) è dimostrabilmente falso»[23]. In realtà McCrea costruisce la sua refutazione a partire da un malinteso, determinato ancora una volta dalla «mancanza di solida base filosofica», per citare il nostro Maritain[24]:

scambia il termine "postulato di relatività" (di per se di ordine filosofico universale) per "teoria della relatività", dove Einstein fa del primo un uso scorretto e antirelativistico. Utilizzando le coordinate di Minkowski come una mappa srotolata su di un tavolo, McCrea abusa della metrica filosofica assolutista minkowskiana per chiudere la bocca a Dingle: operazione sleale e passata inosservata dalla collettività scientifica. Da quel momento il relativista usa insultare il cosiddetto "principio di reciprocità" in questo modo:

«Alessia vede da Terra il tempo di Beatrice rallentato, mentre per Beatrice è il tempo di Alessia ad essere rallentato. Quindi, quando Beatrice torna sulla Terra dovrebbe trovare Alessia più vecchia di lei; però per Beatrice succede il contrario e dovrebbe trovare Alessia più giovane. Come è possibile che Alessia sia allo stesso tempo più vecchia e più giovane? In questo consiste il paradosso, secondo il filosofo inglese Herbert Dingle, un critico della teoria di Einstein. Invece non c'è paradosso, e la ragione consiste nel fatto che mentre Alessia è rimasta sulla Terra, in moto che con buona approssimazione si può considerare uniforme, Beatrice deve prima accelerare, poi viaggiare a velocità costante, poi decelerare, fermarsi e tornare indietro. Queste manovre producono una dissimmetria fra le osservazioni di Alessia e di Beatrice. La relatività ristretta si applica infatti al moto relativo uniforme, e non ai moti accelerati»[25].

Classico pastrocchio dato dai relativisti come giustificazione degli effetti antirelativistici! Si confonde continuamente l'accidentalità delle tre accelerazioni con l'asimmetria del gemello in viaggio: in realtà due sono del tutto superflue, e a rigore si potrebbe fare a meno persino della terza![26] Su questo punto esiste una meravigliosa risposta di Dingle: «This is, in fact, one of many examples of the way in which the two theories are confused. When the clocks A and B are only in uniform motion, and so receding steadily from one another, it is usual to emphasise that there is no "real" difference between their rates, but each merely appears to go slow from the point of view of the other. ('Here is a paradox,' wrote Eddington, 'beyond even the imagination of Dean Swift. Gulliver regarded the Lilliputians as a race of dwarfs; and the Lilliputians regarded Gulliver as a giant. That is natural. If the Lilliputians had appeared dwarfs to Gulliver, and Gulliver had appeared a dwarf to the Lilliputians — but no! that is too absurd for fiction, and is an idea only to be found in the sober pages of science.') But when the motion ceases to be uniform, the reciprocity of Einstein's theory is abandoned, and the asymmetry of Lorentz is invoked. A traveller to Arcturus at uniform speed, pictured by Eddington, merely appears to age slowly to an observer on the Earth, and the observer on the Earth likewise appears to age slowly to the traveller, but 'if in some way his [the traveller's] motion were reversed so that he returned to the Earth again, he would find that centuries had elapsed here, while he himself did not feel a day older.' Why a retardation of ageing before reversal is only apparent, so that 'really' the traveller ages at the normal rate, and then, having decided to reverse, he regains his lost youth, is explained, according to Eddington, by the claim that the motion 'must be reversed by supernatural means or by an intense gravitational force'. What happens if the traveller reverses by the natural means of suitably operating the engine of his space vehicle is not explained»[27] .

Si noti che normalmente "postulato di relatività" viene usato come sinonimo di "principio di relatività". C'è da specificare l'utilizzo della prima formula da parte di Einstein al momento della fondazione della teoria nel suo lavoro fondamentale del 1905: in quel contesto egli usa "postulato di relatività" per distinguerlo dal secondo dei due postulati. Ma, a maggior ragione allora, il termine "postulato di relatività" implica (e allarga) la *totale* semantica del "principio di relatività" di Galileo, senza entrarne mai in conflitto. «L'innovazione di Einstein consiste nell'aver esteso il principio [di relatività] all'intera fisica»[28]. A tutto ciò c'è da aggiungere che Einstein, all'interno della sua teoria, che si prefiggeva di allargare quella galileiana e di essere meramente relativistica, «sollevò accidentalmente il problema dei gemelli»[29], fino a darle carattere "antirelativistico" di tipo minkowskiano, come si manifesterà in un secondo momento.

«Principio di reciprocità», «moto epistemicamente determinato», «moto epistemicamente indeterminato», «frame swap», sono concetti completamente bistrattati dai fisici e matematici contemporanei, eppure rappresentano il nucleo della problematica relativistica. Non sfuggirono, però, a due giganti del pensiero come Francesco Severi e Henri Poincaré. Abbiamo visto come per il matematico italiano la dilatazione del tempo «è in sostanza una mera *apparenza* perché è reciproca per gli osservatori A e B». Ebbene, anche Poincaré ebbe tale giustificata perplessità: «C'era una curiosità che Poincaré non mancò di osservare: le trasformazioni di Lorentz potevano esser invertite. Dal momento che ogni moto era relativo, la matematica prevedeva che proprio come il fisico a terra avrebbe visto ridursi e rallentare la sua controparte in movimento, così il fisico sul treno avrebbe percepito il suo collega di terra come quello accorciato e con l'orologio in ritardo. Questa, pensava Poincaré, era un'assurdità. Egli considerava queste trasformazioni inverse come semplici artifici matematici senza alcun significato fisico»[30].

Volendo sintetizzare quanto abbiamo appena esposto possiamo asserire che «il milione per anno» di «conferme sperimentali», che i relativisti adducono alla teoria di Einstein, sono praticamente tutte di *rottura della covarianza*, cioè spuntano quando la relatività perde il "cuore": la simmetria. A questo punto la posizione dei relativisti è indifendibile, come fu dimostrato da Builder[31]. Il suo argomento è molto semplice: in fisica si può riconoscere la causa di un fenomeno variandola e verificando l'esistenza di corrispondenti variazioni dell'effetto. Nel caso dei gemelli, se chi viaggia raddoppia la lunghezza dei percorsi di moto rettilineo uniforme lasciando inalterati i processi di accelerazione e decelerazione, egli trova raddoppiata la sua differenza di età da chi è rimasto sulla Terra: perciò, la causa dell'invecchiamento asimmetrico deve essere la velocità e non l'accelerazione. Ma allora crolla tutta la metafisica relativistica: esiste il moto assoluto! A meno che non si reintroduca il vecchio e amato etere. Scrive al riguardo Selleri:

«L'evidenza empirica ci dice un'altra cosa importante, che l'accelerazione non gioca alcun ruolo nel modificare il ritmo degli orologi. Infatti a parità di velocità viene rallentata allo stesso modo la vita media dei fasci rettilinei di muoni (privi di accelerazione) e quella dei muoni nell'anello di accumulazione, che come abbiamo visto possiedono un'enorme accelerazione centripeta. Insomma, un primo muone che circola nell'anello d'accumulazione vive molto di più di un secondo muone a riposo nel laboratorio. Se tutti i sistemi di riferimento fossero perfettamente equivalenti ciò non sarebbe possibile, perché dal punto di vista del primo muone è il secondo che gli gira attorno ad altissima velocità. Certo, si potrebbe dire che la simmetria è rotta dall'accelerazione centrifuga che si fa sentire sul primo muone ma non sul secondo; tuttavia questa spiegazione non è convincente perché abbiamo appena concluso che l'accelerazione non ha alcun effetto su queste particelle. Dunque resta la conclusione che non tutto è relativo nel comportamento dei muoni, un primo duro colpo per il relativismo!»[32].

Il tempo, dopo un secolo di annientamento, ritorna finalmente reale!

Note

1 P. Langevin, *L'évolution de l'espace et du temps*, op. cit., p. 51.

2 L.M. Krauss, *Dietro lo specchio. Il misterioso fascino delle dimensioni addizionali, da Platone alla teoria delle stringhe e oltre*, Torino 2007, p. 81. In questo modo – scriveva Maritain nel '23 – «si pasce lo spirito di illusioni» (J. Maritain, *op. cit.*, p. 325). Risponde Krauss: «Sembra proprio che nel nostro animo ci sia un irrinunciabile bisogno di qualcosa che va al di là del mondo della nostra esperienza» (L.M. Krauss, *op. cit.*, p. 81). «Oggi ci sono scienziati che mirano proprio a scoprire l'esistenza di nuove dimensioni e magari di nuovi universi, e che vorrebbero riuscirci nell'arco della loro vita» (ivi, p. xiii).

3 È il famoso esperimento mentale ideato da Erwin Schrödinger, uno dei principali ingredienti delle salse aromatizzate al "fantastico" della teoria dei quanti: «L'animale è rinchiuso in una stanza [scatola o gabbia] con un contatore di Geiger e un martello che, quando il contatore scatta, infrange una boccia di acido cianidrico. Il contatore contiene una traccia di materiale radioattivo sufficiente perché vi sia una probabilità del 50% che in un'ora [o, ad esempio, un mese] uno dei nuclei decada e quindi un'uguale probabilità che il gatto rimanga avvelenato. In capo a un'ora [o a un mese] la funzione d'onda complessiva del sistema avrà una forma in cui il gatto vivo e il gatto morto sono miscelati in ugual proporzione» (J.M. Jauch, *Sulla realtà dei quanti. Un dialogo galileiano*, Milano 1996, p. 115). «Naturalmente, una volta che possiamo aprire la scatola e fare una verifica, siamo in grado di determinare con certezza lo stato del gatto. Ma prima di aprire la scatola, in base alla legge delle probabilità, il gatto è statisticamente in uno stato di vita e di morte. E se ciò non bastasse, è il solo atto di aprire la scatola a determinare lo stato finale del gatto: in base alla meccanica quantistica, è il processo di misurazione stesso che determina lo stato del gatto. Per complicare ulteriormente le cose, la meccanica quantistica implica inoltre che gli oggetti non esistono in uno stato definito (nel nostro esempio, vivo o morto), fino a quando non vengono osservati» (M. Kaku e J. Thompson, *Oltre Einstein. La nuova fisica, l'indagine cosmica e la teoria dell'universo*, Roma 2006, p. 51). Secondo i teorici della Scuola di Copenhagen il *collasso della funzione d'onda* avviene nel momento dell'"osservazione" della gabbia, nel vedere se il gatto è vivo o è morto: solo in quel momento il gatto sarà effettivamente vivo o irreversibilmente morto. Sennonché anche qui ci sarebbe un'osservazione da fare: ciò implica necessariamente che al momento di aprire la gabbia non si vedrà mai il povero gatto pieno di vermi!

4 R. Rucker, *La quarta dimensione. Un viaggio guidato negli universi di ordine superiore*, Milano 1995. Si veda, a titolo di esempio, il libro di John Gribbin, *Costruire la macchina del tempo. Viaggio attraverso i buchi neri e*

i cunicoli spazio-temporali, op. cit. «Perché dev'essere così difficile viaggiare nel tempo? È facile immaginare il veicolo perfetto: una specie di automobile con alcuni tasti speciali sul cruscotto. Si entra, si digita il codice numerico corrispondente al luogo e al tempo in cui si desidera trovarsi, si gira la chiave di accensione e - oplà - ecco che siamo nella Parigi degli anni Venti, nelle Grandi Pianure prima dei pionieri, sulla Luna o addirittura in un'altra galassia. È da epoche remote che gli uomini sognano una siffatta libertà dalle pastoie dello spazio e del tempo. [...] Potranno mai diventare realtà i viaggi nel tempo e i viaggi FTL [faster than light]? Riusciremo mai a conquistare definitivamente il tempo e lo spazio? [...] Non se ne sa molto davvero, ma c'è qualche possibilità che maneggiando sistemi dotati di enorme massa – come i buchi neri – si riesca forse a distorcere lo spazio e il tempo in modo tale da consentire quei balzi nello spazio-tempo che sono richiesti dai viaggi nel tempo e dai viaggi FTL. Un'altra via per compiere viaggi di questo genere passa forse attraverso la meccanica quantistica, secondo la quale, al livello di realtà più profondo, il tempo e lo spazio non esistono affatto» (R. RUCKER, op. cit., pag. 203). «Quindi il futuro è davvero là fuori, ed è possibile visitarlo. Per disporre di una machina del tempo funzionante basta avere un'astronave in grado di viaggiare a una velocità molto prossima a quella della luce oppure capace di resistere alle condizioni letali che sussistono nelle vicinanze di una stella di neutroni» (P. DAVIES, *Come costruire una macchina del tempo,* op. cit., p. 39). «Se cercassimo di seguire esattamente una linea di tempo chiusa (detta CTC, closed timelike curve) per tutta la lunghezza, andremmo a urtare contro noi stessi nel passato e a causa di quest'urto verremmo estromessi dal nostro stesso passato; seguendo invece solo parte di una CTC torneremmo nel passato e potremmo partecipare agli eventi che vi si svolgono: potremmo stringere la mano a una versione più giovane di noi stessi o, se il cappio fosse abbastanza grande, far visita ai nostri antenati.» (D. DEUTSCH e M. LOCKWOOD, *La fisica quantistica del viaggio nel tempo,* «Le Scienze», 309, 1994, p. 62). Ma potremmo in linea di principio saltare nel passato, «a ritroso in un universo parallelo e là uccidere i nostri genitori prima che ci concepiscano»? (J. BARBOUR, *La fine del tempo. La rivoluzione fisica prossima ventura,* op. cit., p. 335). Gödel se la cava dicendo: «Sono possibili i viaggi nel tempo ma nessuno cercherà mai di uccidere se stesso nel passato»! (R. RUCKER, *La mente e l'infinito,* Padova 1991, p. 200).

5   L. LEDERMAN e D. TERESI, *The God Particle,* New York 1993, p. 58.

6   F. SELLERI, *Tempo relativo e simultaneità assoluta,* op. cit. Per una panoramica delle evidenze sperimentali cfr. C. Will, *Was Einstein Right?,* New York 1986, e, anche, F. SELLERI, *Lezioni di relatività,* op. cit., pp. 18-24.

7   S. BERGIA, *Einstein e la relatività,* Bari 1980, p. 133.

8   P. DUHEM, *La teoria fisica: il suo oggetto e la sua struttura,* Bologna 1978.

9   «Le teorie formalizzate sono sempre pensate come rappresentazione schematica più o meno completa di una realtà indipendente, definita o intuita in qualche modo assoluto, cioè indipendente dalla rappresentazione scelta [...]. Ebbene non c'è nessuna speranza di dare una formulazione plausibile di tale idea [...]: se un sistema formale è sintatticamente consistente, allora ha un modello (parte positiva del teorema), ma è anche vero, come risulta dalla dimostrazione, che tale modello non ha una realtà separata dalla teoria; è infatti costruito, sui termini della teoria, tutto con materiale sintattico. Per di più, banali e inessenziali modificazioni linguistiche della teoria comportano modelli non isomorfi» (G. Lolli, *Logica e fondamenti della matematica*, in G. Lolli, *Le ragioni fisiche e le dimostrazioni matematiche*, Bologna 1985, pp. 298-299).

10 Anche se la propulsione metafisica sul tempo l'ha data proprio lui: «È stato Minkowski che più tardi ha fatto il passo fatale di introdurre il concetto di 'eternità' all'interno della teoria» (H. Dingle, *Science at the Crossroads*, op. cit., p. 135).

11 Ibidem.

12 H. Dingle, *op. cit.*, p. 143.

13 P. Davies, *I misteri del tempo. L'universo dopo Einstein*, Milano 1996, p. 54.

14 J.C. Hafele e R.E Keating, «Nature», 227, 1970, p. 270 (Proposal); *Around the World Atomic Clocks: Observed Relativistic Time Gains*, «Science», 177, 1972.

15 P. Davies, *op. cit.*, p. 54.

16 F. Selleri, *Relatività e relativismo*, op. cit., p. 32.

17 Cit. in un audace lavoro del fisico sperimentale irlandese A.G. Kelly, *Hafele & Keating Tests; Did They Prove Anything?*, "http://www.cartesio-episteme. net/H&KPaper.htm". Kelly, scienziato di indubbia onestà intellettuale (come ha manifestato dimostrato nelle conversazioni e scambi di idee con chi scrive), aggiunge nella sua approfondita analisi dell'esperimento in questione una serie di osservazioni interessanti. La descrizione tecnica delle conclusioni date da Hafele e Keating (con tanto di dati e osservazioni) risulta alterata: «These altered results gave the impression that they were consistent with the theory. The original test results are reproduced for the first time in this paper; these do not confirm the theory. The corrections made by H & K to the raw data, are shown to be totally unjustified»! Inoltre, come se non bastasse, «gli orologi usati erano carenti della stabilità necessaria per provare qualunque cosa». «The magnitude of the random alterations in performance, during the air transportation, were such as to make any result useless»! Verdetto finale: «I test effettuati da Hafele e Keating non provano niente»! (ibidem). Per

una trattazione esaustiva si rimanda all'ottimo testo di Al Kelly, *Challenging Modern Physics: Questioning Einstein's Relativity Theories*, Boca Raton 2005, pp. 265-278.

18 Scrive uno dei più grandi nomi della biologia italiana: «Davanti a un esperimento del genere [Hafele e Keating] non si sa se stupirsi maggiormente della conferma di una teoria fisica così ardita o dell'incredibile precisione raggiunta dagli strumenti realizzati dall'uomo per misurare il tempo. E pensare che c'è gente che continua a sostenere che la realtà è troppo complessa per essere conosciuta e che le affermazioni scientifiche sono approssimative e frutto di convenzioni!» (E. BONCINELLI, *Tempo della vita, tempo dell'anima*, Bari 2003, p. 34).

19 Cfr. P. DAVIES, *op. cit.*, pp. 51-63.

20 «Se il tempo è realmente dilatato, essi dicono, mostratecelo su orologi *reali*. La fortuna ha voluto che, proprio pochi mesi prima della pubblicazione dell'opuscolo di Dingle, [chissà perché Davies denomina "opuscolo" un libro forbito e interessantissimo come nessuno altro, di circa 260 pagine!] due scienziati americani riuscissero a soddisfare questa richiesta» (ivi, pp. 53-4).

21 H. DINGLE, *Science at the Crossroads*, op. cit., p. 190.

22 F. SELLERI, *Introduzione*, in P. NUTRICATI, *Oltre i paradossi della fisica moderna*, Bari 1998, p. 24.

23 Cit. in H. DINGLE, *op. cit.*, p. 190. Cfr. pure l'allegata appendice III. Dingle sottolinea la contraddizione nel confronto della frase appena enunciata da McCrea con un'altra un po' più avanti nella stessa risposta: «Naturalmente non è necessario specificare che "si muove uno più che un'altro"»!

24 J. MARITAIN, *op. cit.*, p. 327.

25 M. HACK, *La relatività di Einstein e la dimensione spaziotempo*, in M. HACK, P. BATTAGLIA, R. BUCCHERI, *L'idea del tempo*, Torino 2005, p. 115.

26 Cfr. R. MANARESI, *Il paradosso dei gemelli*, in F. SELLERI (a cura di), *La natura del tempo*, op. cit.

27 H. Dingle, *Science at the Crossroads*, op. cit., pp. 187-188.

28 W. RINDLER, *La relatività ristretta*, Roma 1971, p. 9.

29 P. DAVIES, *op. cit.*, p. 56.

30 D. OVERBYE, *Einstein innamorato*, Milano 2002, p. 165.

31 G. BUILDER, *Ether and Relativity*, «Australian Journal of Physics», 11, 3, 1958; e, anche, G. BUILDER, *The Constancy of the Velocity of Light*, «Australian Journal of Physics», 11, 4, 1958.

32 F. SELLERI, *La fisica del Novecento*, op. cit., p. 43.

Asimmetrie Antirelativistiche

«È davvero strano come la gente sia spesso sorda agli argomenti più validi e sia invece propensa a sopravvalutare la precisione delle misure»

Lettera di Einstein a Max Born, 1952

Due protoni fermi a mezz'aria, un centimetro l'uno dall'altro, si trovano parallelamente[1] davanti a noi. La loro forza di repulsione data dal fatto che sono due cariche dello stesso segno viene neutralizzata da una fantasmatica molla di spessore infinitesimo: le due cariche si trovano in equilibrio. All'obiezione che una simile molla non esiste nella realtà, viene risposto che si sta compiendo un *Gedankenexperiment*, un esperimento mentale, ideale. Ma nulla vieta di pensare a due sfere cariche al posto dei protoni e ad una molla reale (anche se si inviterà successivamente ad astrarre da essa).

Meglio ancora, possiamo immaginare due semplici protoni senza alcun vincolo: per evitare che la loro mutua repulsione li allontani eccessivamente visualizzeremo l'esperimento nella nostra mente ad una velocità adeguata, il tutto si svolgerà prima che i protoni si allontanino mutuamente in modo sconveniente per ciò che andremo ad esporre. Ma per facilitare l'esposizione in linea di principio, ci si assecondi, solo per un primo momento, nell'usare la prima immagine evocata.

Ecco, quindi, i due protoni che stanno di fronte a noi ad un centimetro (o a un millimetro, o a un micron... non perdiamo la qualità dell'argomentazione per via della quantità) l'uno dall'altro: sono sospesi per semplicità – seppur in un laboratorio terrestre – in uno spazio vuoto, privo di aria e senza risentire dell'attrazione gravitazionale della Terra (ricordiamo che si tratta di un esperimento immaginario simile a quelli ideati da Einstein e da Bohr: astrarre è concesso perché si tratta di un ragionamento fatto in linea di principio). Ad un certo punto, mentre i due protoni rimangono fissi rispetto al nostro sistema di coordinate, proviamo ad allontanarci da loro ad una certa velocità (non ha importanza per la nostra argomentazione dare maggiori specificazioni). Se, mentre ci stiamo muovendo, diamo uno sguardo ai protoni che sono rimasti fermi, noteremo forse qualche cambiamento riguardo la loro distanza di congiungimento iniziale? Cosa ci dice la Relatività a tal proposito? Da Galileo fino ad Einstein, la relatività insegna che in questo caso si tratta di una cosa ovvia: nessuna differenza nella distanza tra le due cariche. Le cariche rimangono esattamente lì dove si trovano, sia se siamo in moto sia se rimaniamo fermi. Idem se invece di allontanarci ci avviciniamo ad esse: la situazione è simmetrica[2].

Adesso, ritornando nella situazione di partenza, facciamo in modo di far allontanare i due protoni da noi ad una certa velocità. Cosa prevede la relatività di Einstein in questo secondo caso? I due protoni rimarranno sempre ad un centimetro di distanza tra di loro? Secondo la teoria di Einstein sì, o così dovrebbe essere a rigore. La loro distanza non varierà[3]. Ciò rimane implicitamente ed esplicitamente incasellato sullo sfondo epistemologico del significato di *relatività del moto* e del concetto di *frame swap* collegato[4]. La nuova relatività di Einstein, infatti, è un'estensione della vecchia relatività di Galileo: «L'innovazione di Einstein consiste nell'aver esteso il principio [di relatività] all'intera fisica»[5]. Questo è quanto afferma ogni fisico e ogni esperto di Relatività: «...è poi lecito scambiare sistema in quiete e sistema in moto, giacché si tratta di fenomeni di moto relativo»[6].

Ciò risulta di primaria importanza, si tratta dello spirito stesso della relatività. La stessa etichetta della teoria di Einstein come "teoria della relatività", voluta da Max Planck quando ne appiccicò il nome, rivendica la sua vocazione come estensione della relatività di Galileo che rischiava di essere parzializzata con le conquiste elettromagnetiche dell'Ottocento. È questo lo «spirito fondamentale della relatività ristretta», come garantisce il noto fisico di fama internazionale Franco Selleri[7].

Lo stesso Einstein afferma in modo chiarissimo che la ragione per cui scompare il concetto di etere è quella stessa per la quale non ha senso parlare di sistema privilegiato: «Il principio di relatività implica... che le leggi della natura riferite a un sistema di coordinate K' in moto uniforme rispetto all'etere siano eguali alle corrispondenti leggi riferite a un sistema di coordinate K che sia a riposo nell'etere. Se però le cose stanno così abbiamo ragioni altrettanto buone di immaginare l'etere a riposo rispetto a K', che rispetto a K»[8].

Si noti che, se i nostri due protoni dovessero manifestare un comportamento *asimmetrico* tra la prima parte dell'esperimento ideale (siamo noi a muoverci) e la seconda (sono loro a muoversi), ciò basterebbe a far crollare di netto la Relatività di Einstein. Significherebbe che la cosiddetta *relatività del moto* non può applicarsi in questo caso. E di casi contrari alla Relatività ne basta anche uno solo per sfasciare l'imponente impalcatura che «un milione di conferme sperimentali all'anno»[9] hanno elevato!

Da Popper in poi è notorio, infatti, che è sufficiente un solo esperimento scientifico contrario per togliere validità ad una teoria pur confermata da un miliardo di altri esperimenti[10]. Può sembrare strano, ma un miliardo di esperimenti a favore non sono sufficienti per garantire la correttezza di una teoria: «Le teorie non sono *mai* verificabili empiricamente»[11]. Basta un solo caso contrario per rendere una teoria non più attendibile. Ebbene, questo è il caso! Sì, perché è risaputo dal diciannovesimo secolo che due cariche dello stesso segno in moto parallelo si attraggono![12] Si tratta dell'ormai classico e celeberrimo *esperimento di Ampère*. Veniamo ora ad approfondire l'argomento.

Il 1820 segna lo spartiacque tra il mondo meccanico di Newton (vecchio mondo) e il mondo elettromagnetico di Maxwell (nuovo mondo)[13]. In quell'anno venne alla luce la celeberrima esperienza di Hans Christian Ørsted, fisico danese, la quale fu la prima dimostrazione certa di una correlazione tra la corrente elettrica e il campo magnetico. Ørsted, durante la preparazione del materiale per una lezione, venne sorpreso dal movimento dell'ago di una bussola magnetica posta nelle vicinanze di un filo elettrico in cui scorreva corrente.

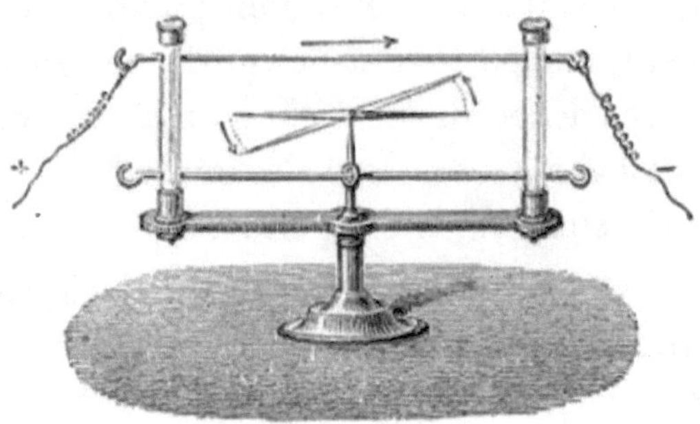

Egli rimase così sorpreso che provò a ripetere l'esperimento. Oggi sappiamo che le correnti elettriche generano un campo magnetico, principio alla base dell'elettromagnetismo. Qualcosa di molto vicino balenò nella mente di Ørsted nell'osservare il comportamento della bussola posta in prossimità del filo elettrico percorso da corrente[14].

L'annuncio della scoperta provocò grande interesse negli ambienti accademici. Il primo che ne intuì la portata fu il francese André-Marie Ampère, che già ad una settimana dall'esser venuto a conoscenza riuscì a compiere la sua memorabile esperienza[15]. Ampère collegò due fili conduttori a due diverse batterie, collocandoli vicini tra di loro. In una prima esperienza li dispose in maniera tale che le correnti avessero la stessa direzione e lo stesso verso: notò che si materializzavano delle forze tra i fili, tali da attivare un'attrazione vicendevole[16]. Quando successivamente invertì una delle correnti, stessa direzione ma verso opposto, notò che le forze diventavano di tipo repulsivo e allontanavano i due fili.

Egli intuì che se un conduttore attraversato da corrente elettrica genera una fenomenologia di forze magnetiche, allora lo stesso magnete e ogni altro corpo che generi tali forze deve avere al suo interno delle correnti elettriche in atto[17]. Ampère calcolò la misura della forza che ogni filo esercita sul tratto dell'altro arrivando alla semplice e celeberrima formula matematica[18], oggi alla portata di ogni liceale:

$$F = \frac{\mu_0}{2\pi} \frac{i_1 \cdot i_2 \cdot l}{d}$$

dove μ_0 è la costante di permeabilità magnetica del vuoto, cioè l'attitudine di una sostanza a lasciarsi magnetizzare. Dalla formula si nota che la forza è direttamente proporzionale alle due intensità di corrente ed è inversamente proporzionale alla distanza tra i fili (l è la lunghezza del tratto).

A due secoli di distanza, oggi sappiamo che la formula di Ampère è un caso particolare della cosiddetta *forza di Lorentz*, in onore al grande fisico olandese Hendrik Antoon Lorentz (1853-1928), premio Nobel per la fisica nel 1902. Se, infatti, un campo magnetico esercita una forza su un conduttore percorso da corrente, è lecito pensare che in realtà ciò sia dovuto al fatto che ogni particella carica che si muove in un campo magnetico subisce una forza, poiché la corrente è costituita da cariche in movimento concorde. La forza complessiva agente sul conduttore sarà data dunque dalla somma vettoriale delle forze di Lorentz agenti sulle singole cariche (elettroni) in moto con velocità v:

$$F = -e \cdot v \times B$$

Arrivare, d'altra parte, alla formula della *forza di Lorentz* a partire dalla *formula di Ampère* è un passaggio elementare ed immediato. Basta raggruppare quest'ultima nella seguente forma:

$$F = \left(\frac{\mu_0 \cdot i_1}{2\pi d} \right) (i_2 \cdot l)$$

e ricordare che la parte tra la prima parentesi è quella che in fisica viene definita come *intensità del vettore campo magnetico* B. Per cui l'equazione può essere riscritta come

$$F = B \cdot I \cdot l$$

dove si è messo I al posto di i_2. Ciò porta al calcolo dell'intensità della forza di Lorentz partendo dalla forza esercitata dal campo magnetico B su un tratto di filo di lunghezza l percorso da una corrente *I*. Una particella con carica q che si muove in quel tratto di filo produce una corrente data dalla sua intensità di carica nell'unità di tempo, quindi:

$$I = \frac{q}{t}$$

Se la particella si muove con velocità uniforme v, percorre un tratto l in un tempo t e la corrente può essere definita come:

$$I = \frac{qv}{l}$$

In questo modo, l'intensità della forza di Lorentz diventa:

$$F = qv\mathrm{B}$$

ed introducendo il cosiddetto *prodotto vettoriale* (×) e ricordando che la carica unitaria q nel caso di un filo percorso da corrente è associata all'elettrone $(-e)$, quest'ultima diventa

$$F = -e \cdot v \times \mathrm{B}$$

c.v.d. Nel nostro caso è interessante notare come dalla $I = \frac{qv}{l}$ si arrivi immediatamente alla cosiddetta *densità di corrente J*, che esprime l'intensità di corrente in modo unitario, astraendo dalla lunghezza del conduttore l :

$$J = qv \quad \text{(per singole cariche)},$$
$$J = nqv \quad \text{(per } n \text{ cariche)}$$

Questo porta a considerazioni scientifico-filosofiche singolari. Infatti, se all'inizio dell'Ottocento la manifestazione magnetica della *corrente elettrica* era emersa da esperimenti inerenti al *collegamento elettrico* (circuito) tramite fili metallici, ordinariamente di rame, denominati *fili elettrici* (si ricordi la cosiddetta *analogia idraulica*), col tempo – in pochi decenni – si intravvede e prende forma un nuovo *paradigma*, un nuovo modo di intendere e concettualizzare la corrente e la fenomenologia elettromagnetica collegata: ogni carica elettrica in moto è da considerarsi causa e fondamento della corrente. Di più: gli effetti magnetodinamici della corrente si risolvono in essa. *Una singola carica elementare in movimento produce l'esatto effetto elettrodinamico e magnetodinamico scoperto all'origine nella corrente circolante in un cavo elettrico o in un circuito elettrico*[19]. *Quindi due cariche in moto parallelo (affiancate, non una dietro l'altra) nello spazio devono avvertire l'identica fenomenologia dell'esperienza di Ampère.*

Con ciò veniamo a minare l'intera Relatività einsteiniana alle fondamenta. Infatti, il sillogismo che ne scaturisce è incontrovertibile:

[Premessa maggiore] La Relatività di Einstein è un'estensione di quella di Galileo: secondo il postulato di relatività tutti i moti sono relativi e interscambiabili (*frame swap*).

[Premessa minore] L'esperienza di Ampère nel nuovo paradigma di Lorentz porta ad un'asimmetria tra il moto dell'osservatore rispetto a due cariche ferme e il moto delle due cariche rispetto all'osservatore fermo.

[Conclusione] Pertanto, se il postulato di relatività fosse esaustivo, non dovrebbe esistere nessuna asimmetria tra cariche ferme e cariche in moto. La fenomenologia che emerge nell'elettrodinamica di Ampère e Lorentz porta ineluttabilmente al crollo del postulato di relatività.

Il lettore esperto sa bene che la cosiddetta *contrazione di Lorentz* non può parare i colpi in questo caso. Infatti la suddetta contrazione possiede una fenomenologia solo sul livello longitudinale al moto (ad esempio, accorciando una "collana" di cariche disposte una dietro l'altra) e mai trasversale, come nell'esperimento mentale dei due protoni. Una dimostrazione empirica consistente di quanto stiamo asserendo si trova all'interno delle anomalie sperimentali relativistiche: la cosiddetta *focalizzazione del fascio*. Si è trovato, all'interno della sperimentazione con gli acceleratori di particelle, che i fasci di cariche elementari o di ioni in uscita subiscono una collimazione – appunto una *focalizzazione* – che emerge chiaramente dal diametro dello *spot* di impatto, non prevista dalla Relatività e spiegabilissima con l'elettrodinamica classica. Un'anomalia che viene tacitamente e inconsciamente rimossa dalla casistica sperimentale della Relatività, come è abitudine fare fin dalla culla della scienza[20]. Sarebbe bastato guardare in faccia, senza occultarlo, quest'*indizio negletto* – per usare le parole di Einstein[21] – la focalizzazione del fascio e la fenomenologia emergente dall'elettrodinamica di Ampère e Lorentz, per comprendere all'istante che c'era qualcosa che non andava, che la Relatività fin dalle sue origini non avrebbe potuto spiegare tutta la fenomenologia sperimentale.

Ebbene, le scoperte elettrodinamiche di Ampere e Lorentz non solo minano la Relatività di Einstein alle fondamenta (*pars destruens*) ma danno ali al sogno di ricapitolare una nuova fisica che superi lo spirito forzatamente simmetrizzante di quella relativistica senza rinnegarne al contempo i successi sperimentali, riconducendoli su nuove basi più sicure e originarie (*pars construens*)[22].

Quanto discusso finora stabilisce un esempio paradigmatico di quelle che potremmo definire come *simmetrie forzate* nella teoria di Einstein. Una "simmetria forzata" è un tentativo irriflessivo da parte di una teoria simmetrizzante – come la Relatività di Einstein – di far rientrare all'interno dei suoi confini un'asimmetria che altrimenti rischierebbe – in quanto anomalia – di far saltare l'intera base fondante della teoria. In questo modo la teoria in questione può usufruire di un surplus di tempo aggiuntivo – nella speranza di trovare una soluzione alternativa da parte dell'establishment – prima di essere falsificata.

È singolare che l'anomalia da noi sollevata si trovi all'interno dell'*elettrodinamica dei corpi in movimento*, nello stesso settore d'intervento, cioè, usato da Einstein nel suo fondamentale lavoro del 1905. Se si ha ben in mente l'impianto iniziale di *Zur Elektrodynamik bewegter Körper*, infatti, è indubitabile che Einstein prende le mosse proprio dall'apparente irreperibilità a livello sperimentale dell'asimmetria concettuale dell'elettrodinamica di Maxwell: «E' noto che l'elettrodinamica di Maxwell – così come essa è oggi comunemente intesa – conduce, nelle sue applicazioni a corpi in movimento, ad asimmetrie che non sembrano conformi ai fenomeni. Si pensi ad esempio alle interazioni elettrodinamiche tra un magnete e un conduttore. Laddove la concezione usuale contempla due casi nettamente distinti, a seconda di quale dei due corpi sia in movimento, il fenomeno osservabile dipende, in questo caso, solo dal moto relativo del magnete e conduttore»[23].

Come faceva Einstein a garantire la veridicità di quest'ultima affermazione (riguardo al fenomeno osservabile che dipenderebbe solo dal moto relativo)? In verità non poteva, all'epoca (così come anche oggi) non esistevano prove certe su tale congettura. In realtà Einstein si aggrappò ad un libro di testo che studiò da giovinetto, così come emerge dall'originale ricostruzione di Gerald Holton[24].

L'emerito professore di fisica e storia della scienza all'Università di Harvard suggerisce un percorso che conduce ad un manuale tedesco pubblicato nello stesso anno in cui Einstein stava per abbandonare il ginnasio; un manuale sulla teoria elettromagnetica di Maxwell scritto da un certo August Föppl, ingegnere civile per formazione e filosofo per temperamento, il quale era stato accolto con entusiasmo dagli studenti che cercavano di trovare un appiglio per entrare nel mondo di Maxwell. Tra questi c'era pure Einstein.

Nel quinto capitolo del suo manuale, Föppl espose i marcati difetti che segnavano la fisica, e sfidò i fisici a prendere in considerazione la possibilità di cambiare le loro concezioni di spazio. Nella meccanica newtoniana e in particolare in quella di Mach, spiegava Föppl, non c'era un contesto di riferimento assoluto, e soltanto posizioni e moti relativi avevano significato fisico. L'elettromagnetismo, tuttavia, ne aveva sicuramente uno, vale a dire l'etere, il tramite che riempiva lo spazio e trasmetteva onde e altri campi di forza. Ciò conduceva a conflitti di principio. Era il moto relativo o il moto assoluto che contava?

Föppl cercò di rispondere a questa domanda immaginando cosa sarebbe successo se una bobina e un magnete si fossero mossi insieme, alla stessa velocità, nell'etere. In questo caso, usando i risultati emersi da un esperimento dell'epoca, a suo parere non ne sarebbe risultata alcuna corrente, soltanto la stessa data dai due oggetti qualora fossero stati immobili su un tavolo. Perciò era il moto relativo quello che contava, sosteneva l'autore del libro.

L'"esperimento di pensiero" (*Gedankenexperiment*) di Föppl non lasciava spazio per l'etere. Egli paragonò l'idea di spazio senza un etere a una foresta senza alberi... ma avvertì che i fisici sarebbero stati presto costretti ad accettare questo strano e sgradevole concetto. «La decisione in merito» scrisse «rappresenta forse il problema più importante della scienza del nostro tempo»[25].

Ora riflettiamo: siamo davvero sicuri che non esistano asimmetrie tra il moto di un magnete e quello di un conduttore? Un lavoro datato del presente autore[26] porta a riconsiderare la questione come sottovalutata e irta di sorprese al riguardo. Fermiamo la nostra attenzione per adesso ad una spira nelle vicinanze di un magnete.

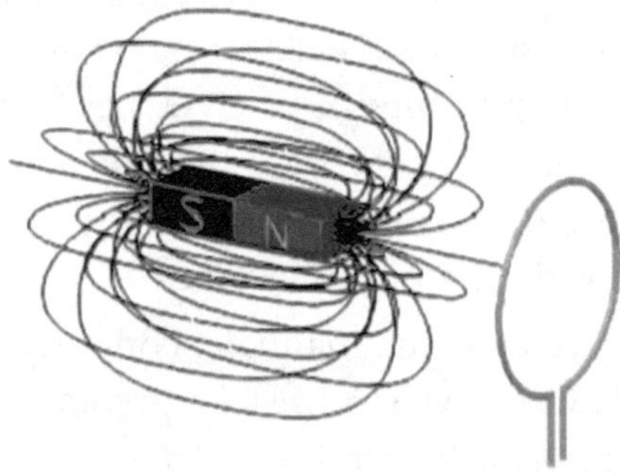

Il fisico inglese Michael Faraday (1791-1867) scoprì il 29 agosto del 1831 il fenomeno dell'induzione elettromagnetica: intuì che la forza elettromotrice indotta nasce da una variazione del flusso magnetico intorno alle spire di un conduttore[27]. In altre parole, una bobina fatta muovere nelle vicinanze di un magnete manifesta una forza elettromotrice (potenziale corrente elettrica ai suoi capi) creata (indotta) dalla variazione di flusso del campo magnetico generato dal magnete.

D'altra parte la medesima fenomenologia sembra presentarsi se invece della spira viene fatto muovere il magnete: quello che conta *sembra essere* il moto relativo le due entità, magnete e spira (o bobina). Il lavoro fondamentale di Einstein del 1905 assume per vero e dimostrato che non esista alcuna asimmetria tra la versione col moto dell'uno e quella col moto dell'altro. Viene dato per scontato che le cose siano esattamente simmetriche. In realtà le cose sono molto meno semplificabili e scontate di come sono state presentate.

Per rendersi conto dell'iper-esemplificazione operata da Einstein e da Föppl, i quali adducono la manifestazione fenomenologica della f.e.m. indotta al solo moto relativo tra magnete e spira, basta prendere in considerazione la realtà di una terza entità occultata, non deposta tra le due menzionate: il campo magnetico. Ebbene, il "terzo incomodo" – la realtà del campo – porta a una conclusione sorprendente: «Il principio di relatività di Einstein è incompatibile... con la realtà del campo. Se esiste l'uno non può esistere l'altro. Uno dei due concetti deve cadere»[28]. Cerchiamo di vedere più da vicino questa novità insospettata e sconcertante.

Il concetto di relatività del moto è un concetto squisitamente filosofico, la sua totalità semantica non può dissolversi esaustivamente all'interno del solo formalismo matematico[29]. Il principio di relatività, nella sua cristallina purezza originaria, va applicato ai due corpi in movimento relativo e, al limite, in una situazione a più corpi deve essere sempre possibile astrarre da tutto il resto e focalizzare il movimento tra corpo A e corpo B[30]. Nel caso del magnete e spira ciò non è possibile. Infatti, non è possibile astrarre dal terzo elemento: la realtà del campo magnetico e la sua indipendenza dalla sorgente che l'ha generato. Una volta "materializzato" nello spazio, il campo vive di vita propria e indipendente, e assume le sembianze di un terzo corpo di riferimento[31].

Questo "terzo corpo" che possiede la metrica del «"corpo Alfa" di C. Neumann»[32], rompe lo schema relativistico e rende asimmetrico ciò che altrimenti risulterebbe simmetrico. Infatti la realtà del campo magnetico rende vano ogni tentativo di relativizzare il moto e la fenomenologia tra magnete e conduttore. L'esempio seguente chiarirà quanto esaminato fino adesso.

Supponiamo di confrontare il moto relativo tra un super-magnete grande quanto una *magnetar*[33] e un sensibilissimo solenoide ad un anno luce di distanza. Secondo Einstein, se facciamo muovere il solenoide verso il magnete dovremmo trovare una identica e simmetrica fenomenologia equivalente e indiscriminabile rispetto al processo inverso, magnete in movimento e solenoide fermo. In ambedue i casi dovremmo trovare una f.e.m. indotta ai capi del solenoide. È così?

A primo acchito sembrerebbe proprio di sì... ma ad una riflessione più profonda ecco venire a galla le asimmetrie causate dalla realtà del *terzo corpo*: il campo magnetico. Infatti, esiste una differenza profondissima tra spostare il solenoide o far muovere il magnete: spostando il primo troviamo la f.e.m. ai suoi capi istantaneamente, spostando il secondo invece, troveremo la f.e.m. ai capi del solenoide solo dopo un anno esatto!

Ciò perché nel primo caso il solenoide si trova già all'interno del campo magnetico generato dal magnete: conseguentemente, attraversando il suo flusso durante lo spostamento, la relativa variazione delle linee faradiane crea una f.e.m. indotta ai suoi capi. Si tratta di una conseguenza del *localismo* del campo (ossia, della sua presenta in loco). Al contrario, spostando il magnete, la variazione del flusso magnetico associato necessita di un anno per arrivate al solenoide alla velocità della luce, mentre il campo già preesistente non subisce alcun mutamento, rimarcando la sua indipendenza dalla sorgente (cioè, la sua *proprietà beta*). Insomma, ecco un'altra *asimmetria antirelativistica* nascosta tra le pieghe della Relatività; detto altrimenti: una *simmetria forzata*.

È stato mostrato fin qui come la Relatività nasconda al suo interno delle asimmetrie che la collettività scientifica cerca forzatamente di "simmetrizzare", di "normalizzare" come anomalie apparenti. In altri casi succede l'esatto contrario: la simmetricità midollare della teoria viene tradita, come nel caso della *simmetria infranta* del cosiddetto "effetto gemelli" all'interno della dilatazione del tempo, chiudendo gli occhi ai suoi catastrofici paradossi[34].

Note

1   Diciamo, uno a destra e uno a sinistra, non uno dietro l'altro, per intenderci.

2   Conviene qui anticipare le potenziali critiche dell'accademico che, forte della struttura – o, meglio, *armatura* – matematica sviluppata successivamente all'Einstein della Relatività Speciale e parallelamente all'approccio di Minkowski (si ricordi la nota esclamazione di Einstein: «Da quando i matematici hanno invaso la teoria della relatività, io stesso non la capisco più»), crede di poter dominare "la materia" – nel doppio senso – con il formalismo matematico, ignaro che «tra i fatti concreti osservati dal fisico e i simboli numerici rappresentanti i fatti nei calcoli del teorico, la differenza è assai rilevante» (P. Duhem, *La teoria fisica: il suo oggetto e la sua struttura*, Bologna 1978, p. 148). «Il simbolo matematico creato dalla teoria si applica alla realtà allo stesso modo che l'armatura al corpo di un cavaliere bardato di ferro: tanto più è complicata, tanto più il metallo rigido appare flessibile; i molti pezzi, disponendosi a guisa di squame, assicurano un contatto più perfetto tra l'acciaio e le membra protette, ma per quanto numerosi siano i frammenti che la compongono, l'armatura non corrisponderà mai esattamente alla forma del corpo umano» (Ivi, p. 197). Questa profonda immagine, evocata dal padre dell'epistemologia contemporanea Pierre Duhem, trancia un baratro tra la realtà fisica e la sua traduzione matematica. Ci ricorda un amico di Einstein, padre dell'*operazionismo* e Premio Nobel per la fisica nel 1946, che «ogni sistema di equazioni può comprendere solo una piccolissima parte della situazione fisica effettiva: dietro le equazioni vi è uno sfondo descrittivo enorme, tramite il quale esse stabiliscono legami con la natura» (P.W. Bridgman, *La logica della fisica moderna*, Torino 1965, pp. 83-4). Non è possibile ingabbiare la totalità fisico-filosofica — la trama del reale — dentro la formula. E qui, in questo caso specifico, abbiamo un esempio paradigmatico di ciò. Un elemento eclissato dal formalismo è, infatti, proprio la differenza tra spiegazione *prospettivistica* e spiegazione *causale*. La prima, che Hans Reichenbach (*Filosofia dello spazio e del tempo*, Milano 1977, pp. 219-20) marca come «metrogenica», «metrocinematica» o «coordinativa», è completamente trasparente e maneggiabile, trattabile e manipolabile dal formalismo. La seconda no. Quando nei manuali viene detto – ad esempio, riguardo al Gedankenexperiment del treno di Einstein – che «in queste discussioni, abbiamo dimostrato che se un osservatore trova che gli eventi sono simultanei l'altro troverà che essi non lo sono» e che, dunque, «la simultaneità è quindi proprio un concetto relativo, non assoluto» (R. Resnick, *Introduzione alla Relatività Ristretta*, Milano 1979, p. 54), si compiono veri e propri salti metafisici. Abbiamo già dimostrato che [1] dal particolare (in questo caso il treno di Einstein) non può avvenire una inferenza o deduzione generale (e specialmente metafisica, come è il concetto di simultaneità); [2] il

segnale luminoso (lampo) sta all'evento causale (fulmine) esattamente come l'effetto del rombo del tuono: equivocare e unificare l'*effetto* con la *causa* è un errore capitale; [3] insistere che «dovrebbe essere chiaro che se avessimo un segnale infinitamente veloce la simultaneità sarebbe un concetto assoluto» (ivi, p. 55) è un ulteriore errore di confusione originata dal punto 2, oltre che un segno di allarmante analfabetismo filosofico alla radice del disconoscimento della differenza tra *apparenza* (la misura del segnale) e *realtà* (ciò che ontologicamente è, al di là della percezione e atto di misura); inoltre, dando un barlume di valenza alla citazione tratta da Resnick e comune a ogni studioso di relatività, l'affermazione è asimmetrica, non è invertibile («se avessimo... la simultaneità sarebbe un concetto assoluto» non può essere rigirata in «ma siccome non l'abbiamo allora essa è relativa e non assoluta»): si tratta della solita fallacia (*modus ponens - tollens*) ben nota al mondo della Scolastica e allo stesso Galileo, che ne fu vittima illustre; [4] «poiché la simultaneità è un concetto relativo, anche le misure di lunghezza dipenderanno dal sistema di riferimento e saranno relative» (ibidem): si tratta dell'estensione degli errori precedenti. Essi rotolano e rimbalzano a cascata. In modo analogo, la stessa interpretazione relativistica del celeberrimo esperimento di Michelson e Morley risulta inquinata dalle due spiegazioni sovrapposte e confuse – la *prospettivistica* e la *causale* – così come viene denudato dall'occhio del filosofo ma non dal matematico. È ancora la mente filosofica di Hans Reichenbach che smaschera l'intreccio. Autorità massima nel campo dei fondamenti filosofici della relatività di Einstein, ebbe come docenti Ernst Cassirer, David Hilbert, Max Planck, Max Born e Arnold Sommerfeld, e fu uno dei pochi studenti che seguirono i corsi sulla teoria della relatività tenuti all'università di Berlino da Albert Einstein. Le tesi relativiste colpirono potentemente lo studioso tedesco, spingendolo ad allontanarsi dalla visione kantiana che aveva ereditato da Cassirer, fino a diventare uno dei principali esponenti del positivismo logico. Riguardo all'esperimento cruciale che diede il via alle ricerche teoriche di Lorentz prima e di Einstein poi, Reichenbach rileva e rimarca impavidamente: «È stata espressa l'opinione che la contrazione di un braccio dell'apparato sia una "ipotesi ad hoc", mentre l'ipotesi di Einstein sarebbe una spiegazione naturale che è conseguenza della relatività della simultaneità. Entrambe le spiegazioni sono errate. La relatività della simultaneità non ha nulla a che vedere con la contrazione nell'esperimento di Michelson, e la teoria di Einstein non riesce a spiegare l'esperimento più di quanto faccia la spiegazione di Lorentz» (*Filosofia dello spazio e del tempo*, op. cit., p. 217) . E ancora: «Sarebbe dunque consigliabile non usare lo stesso termine per indicare le due "contrazioni". V'è una contrazione di Einstein, che deriva dalla relatività della simultaneità e confronta la lunghezza del regolo in movimento con la lunghezza del regolo in quiete; e v'è una contrazione di Lorentz, che confronta la lunghezza di un regolo rigido che soddisfa l'esperimento di Michelson con la lunghezza di un regolo quale viene definita nella teoria classica. È una pura coincidenza il fatto che entrambe le contrazioni presentino lo stesso fattore di contrazione e questa è probabilmente la ragione per cui le due contrazioni siano state così spesso confuse l'una con l'altra. I loro significati sono diversi. Oltre alla contrazione di Einstein, la teoria di Einstein contiene anche la contrazione di Lorentz, che essa non "spiega" più di quanto faccia la teoria di Lorentz. Essa viene semplicemente assunta per via assiomatica. [...] Ne segue che la teoria di Einstein contiene anche una contrazione che è indipendente dalla relatività della simultaneità, ossia la contrazione di Lorentz» (ivi, pp. 219-20). Così qui vediamo, come su una lastra radiografica, quei particolari fisico-filoso-fico-metafisici – "causali" – che l'intelaiatura matematico-formalista non è capace di afferrare. Ecco lo «sfondo descrittivo enorme» di Bridgman e lo scarto «assai rilevante» di Duhem. Ecco il «rigoroso è insignificante» di René Thom (E. Wigner, *L'irragionevole efficacia della matematica nelle scienze naturali*, Milano 2017, p. 52) e la differenza tra *conoscere* e *capire* rimarcata da Hermann Weyl (*Space-Time-Matter*, Dover 1922, p. 10): «Al di là della conoscenza... resta il compito di capire». Ebbene, nel caso dei due protoni è sottintesa la spiegazione causale. Ciò verrà spiegato più dettagliatamente nella nota successiva.

3   Così dovrebbe essere a rigore, dicevamo. Il fatto è che la maggior parte dei manuali su questo punto convergono su una spiegazione causale, esterna alla struttura coordinativa, ignari del rischio di un crollo dell'intera impalcatura relativistica. In breve, la tesi più gettonata è la seguente: «L'interpretazione secondo la relatività ristretta è logica: se mi muovo con velocità eguale a quella delle cariche, in tale sistema di riferimento le cariche sono ferme ed ho solo il campo elettrico: la forza repulsiva è quella dovuta alla forza di Coulomb; invece, in un sistema di riferimento in cui le cariche sono in moto, il campo elettrico che si propaga con la velocità della luce, parte da una carica e deve arrivare sull'altra, *quindi dovendo fare un percorso maggio-re arriva ridotto (rispetto al caso in cui le cariche sono ferme); al limite, in un sistema di riferimento in cui le cariche si muovono alla velocità della luce, nessuna forza elettrica arriva sull'altra, in quanto la velocità del campo elettrico è eguale a quella delle cariche.* Quindi il campo magnetico è una manifesta-zione di un effetto puramente relativistico». Questa argomentazione è falla-ce. In aggiunta su più livelli. Ma qui basta enucleare la ragione principale: il *frame swap* – il nucleo midollare della relatività – viene qui interdetto. Ecco una succinta dimostrazione. Le due cariche – i due protoni – fanno ombra ad una scala graduata posta dietro, simile all'ombra della lancetta di un multimetro analogico sulla scala graduata immediatamente sotto, in modo da poter misurare la possibile variazione di distanza tra di essi durante

gli esperimenti. Poniamo inoltre fuori questione la possibilità – in linea di principio – di poter lanciare l'intero sistema protoni-scala come se fossero inseriti con qualche meccanismo all'interno di una scatola trasparente contenente la scala graduata, o, in alternativa, con una videocamera fissata dentro la scatola riprendente le due cariche, capace di trasmettere all'esterno via radio la loro posizione relativa alla scala graduata. Ora, misurata la distanza protone-protone (combaciante per ipotesi con due precise tacche della scala), allontaniamoci dal sistema che rimane invece fermo per inerzia. Cosa avremmo dovuto vedere secondo la versione del relativista? I due protoni contrarsi. Cosa vediamo invece nella realtà, sia attraverso la scatola trasparente sia sul nostro monitor raffigurante la ripresa della videocamera? Troviamo le cariche sopra le tacche, esattamente dove le avevamo lasciate. *Cessante causa cessat effectus.* Ancor meglio: *non effectus absque causa.* Per il principio causale (cfr. Mario Bunge in bibliografia). È questa la potenza del *principio di ragion sufficiente*, al quale tutta la fisica si inchina riverente. Al contrario, se spingiamo il sistema tramite un impulso allontanandolo da noi, totalmente immobili, cosa vediamo? Vediamo le cariche contrarsi e shiftare sulla tacche sottostanti. Ecco in sintesi l'asimmetria che spiegheremo dettagliatamente più avanti. Si noti che anche la videocamera, che non possiede moto relativo con le cariche, mostrerà la contrazione delle stesse, anche a bassa velocità (cfr. Bartocci – Mamone Capria, *Symmetries and Asymmetries in Classical and Relativistic Electrodynamics*, «Foundations of Physics», 21, 7, 1991). In altri termini, il *gran naviglio* di Galileo non regge più. È l'*incipit* di un'intera teoria alternativa a quella di Einstein partendo dall'esperienza di Ampere. È il cuore di un nuovo lavoro in preparazione.

4   Se due sistemi arrivano, come nella Relatività, al *frame swap* (sistema di coordinate interscambiabile) riotterranno la medesima fenomenologia di partenza. Ogni coppia di sistemi inerziali in moto relativo tra di loro può scambiarsi (o invertire) il ruolo di "osservatore" senza mutare i risultati. «La situazione è interamente simmetrica» (R.L. Faber, *Differential Geometry and Relatività Theory*, New York 1983, p. 109). E tutto ciò al di là della genesi del moto. Naturalmente, su questi ultimi punti toccati nello spazio di poche righe, il fisico indottrinato avrebbe molto da ridire, facendo partire la sua arringa, con ogni probabilità, dalla genesi relativistica del campo magnetico. Questo perché è venuta meno nell'ultimo secolo l'ossatura filosofica che prima dominava. La formula, in qualche modo, ha avuto la meglio sulla realtà ontologica e fisica; la sintassi si è sbarazzata dalla semantica, il significante dal significato. In questo modo abbiamo lasciato cadere in frantumi i fondamentali concetti di principio di relatività, principio di reciprocità, il concetto di frame swap, il concetto di moto epistemicamente determinato e

indeterminato. In una lunga nota dedicata al rimaneggiamento delle cosiddette *anomalie*, qualche pagina più avanti, avremo modo di citare anche le tecniche di rattoppo da parte del fisico su questo punto.

5 W. RINDLER, *La relatività ristretta*, Roma 1971, p. 9. Cfr. pure C. MØLLER, *The Theory of Relatività*, Oxford 1972, p. 4.

6 G. CASTELNUOVO, *Spazio e tempo secondo le vedute di A. Einstein*, Bologna 1981, p. 36; cfr. pure p. 30.

7 F. SELLERI, *Il principio di relatività e la natura del tempo*, in "Giornale di fisica", XXXVIII, 2, 1997, p. 71. Come sottolinea il grande filosofo Henri Bergson: «Nella teoria della Relatività, non c'è più un sistema privilegiato. [...] L'essenza stessa della teoria è questa» (H. BERGSON, *I tempi fittizi e il tempo reale*, in H. BERGSON, *Durata e simultaneità*, Bologna 1997, pp. 186-187). Cfr. pure H. BERGSON, *La pensée et le mouvant*, nota 1 all'introduzione, tr. it. in H. BERGSON, *Durata e simultaneità*, op. cit., pp. 200-201.

8 Cit. in L. KOSTRO, *Einstein e l'etere. Relatività e teoria del campo unificato*, Bari 2001, p.58, e anche p. 62.

9 S. BERGIA, *Einstein e la relatività*, Bari 1980, p. 133.

10 Cfr. K.R. POPPER, *Logica della scoperta scientifica*, Torino 1970.

11 Ivi, p. 22.

12 Più precisamente, la forza coulombiana che tende a respingerle viene attenuata dalla forza amperiana che tende ad attrarle.

13 In realtà la data potrebbe essere anticipata di 20 anni se poniamo come innesco del *big bang elettromagnetico* la scoperta della *pila* ad opera di Alessandro Volta, nel 1800. Infatti, è grazie ad essa se poi Ørsted, Ampère, Ohm, Faraday, Henry, Ruhmkorff, Pacinotti, Hertz, etc. potranno compiere esperimenti con la cosiddetta *corrente elettrica*. A rigore, anche l'*esperienza di Ørsted* del 1920 fu anticipata da un italiano nel 1802. Lo stesso Ørsted ammise in una pubblicazione sull'Enciclopedia di Edimburgo nel 1830 che «la conoscenza del lavoro di Romagnosi avrebbe anticipato la scoperta dell'elettromagnetismo di diciotto anni». In realtà Gian Domenico Romagnosi venne totalmente ignorato dalla comunità scientifica internazionale. Dopo aver pubblicato i suoi risultati sui giornali di Trento e Rovereto, inviò una relazione all'Accademia delle scienze francese: la comunità scientifica dell'epoca, ritendo che da un notaio e letterato non potesse venir fuori nulla che fosse imparentato anche lontanamente ad una scoperta scientifica, ne trascurò completamente il contenuto. Ecco un esempio lampante di come il cosiddetto *argumentum ad verecundiam* ("dimmi chi sei e ti dirò quanto valgono le tue affermazioni") sia stato sempre attivo all'interno dell'establishment scientifico, almeno fin dal 1800.

14 H.C. ØRSTED, *Experimenta circa effectum conflictus electrici in acum magneti-cam*, 1820, Hafniae (Copenaghen), pubblicata in francese: *Expériences sur l'effet du conflict électrique sur l'aiguille aimantée*, «Annales de chimie et de physique», 1820, vol. 14, p. 417- 425. La mente di Ørsted comincia a sfornare in poche settimane una serie di approssimazioni sempre crescenti, dall'effetto magnetico prima longitudinale al filo, poi trasversale, fino ad arrivare al "cerchio rotante": «According to Ørsted's final view, the magnetic effect of an electric current rotates around the conducting wire» (R. de A. MARTINS, *Resistance to the discovery of electromagnetism: Ørsted and the symmetry of the magnetic field*, in F. BEVILACQUA & E. GIANNETTO (a cura di), *Volta and the History of Electricity*, Milano 2003, pp. 245-265). La novità assoluta dell'esperimento sta nel fatto che per la prima volta nella storia della *physis* viene manifestata una fenomenologia totalmente differente dalle classiche attrazioni, o più in generale, dalle azioni distanza che prima di allora erano sempre state *rettilinee* e congiungenti le sorgenti: un filo conduttore, se disposto parallelamente ad un ago magnetico, vede l'ago ruotare di 90° e disporsi perpendicolarmente al filo, quando in esso viene fatta circolare corrente. Ørsted suggerisce che l'effetto è "circolare": la rotazione avviene in un senso con l'ago disposto sotto il filo, in senso opposto se si dispone l'ago sopra il filo. Inoltre individua che le forze magnetiche sono *distribuite nello spazio* che circonda il filo e sono costituite da cerchi, «poiché è nella natura dei cerchi che movimenti da parti opposte debbano avere opposte direzioni».

15 Il saggio di Ørsted si diffonde in Europa: Arago lo legge all'Accademia di Parigi l'11 settembre 1820; tra i presenti c'è André-Marie Ampère. Definito da Maxwell il "Newton dell'elettricità", una settimana dopo l'annuncio di Arago all'Accademia, egli scrive una nota in cui annuncia la scoperta delle azioni ponderomotrici tra fili percorsi da correnti elettriche. Convinto newtoniano, riesce a trovare la spiegazione in soli termini newtoniani dell'esperienza di Ørsted (si veda la nota successiva). Nel portare a compimento questo programma in termini di azioni a distanza, due anni più tardi Ampère arriva anche ad una importante conclusione che trascende gli scopi per cui aveva iniziato a lavorare: «C'est ainsi qu'on parvient à ce résultat inattendu, quel es phénomènes de l'aimant sont uniquement produits par l'électricité [È cosi che si perviene a questo risultato inatteso, che i fenomeni magnetici sono unicamente prodotti dalla elettricità]» (A.M. AMPÈRE, *Recueil d'Observations Électro-Dynamiques*, Paris 1822, p. 22).

16 Quello che cercava fin dall'inizio Ampère era appunto una legge in stile newtoniano di attrazione/repulsione, simile a quella trovata da Coulomb. La sua stessa *forma mentis*, cioè, ha scartato tutta quella valanga di alternative che troverà un decennio più tardi Faraday (in una lettera del 1822 indirizzata ad Ampère, scrive quest'ultimo: «Sono per natura scettico nei

confronti delle teorie e di conseguenza vi prego di non serbarmi rancore per il fatto che non accetto immediatamente la vostra [...] Non riesco a capire in che modo vengano prodotte le correnti [...] Sono dunque costretto a trovare la mia strada seguendo la stretta concatenazione dei fatti»). Ampère stesso manifesta la sua euristica con queste parole: «Newton ci ha insegnato che [ogni fenomeno naturale] deve essere ricondotto, per mezzo del calcolo, a forze agenti sempre tra due particelle materiali secondo la retta che le congiunge, in modo che l'azione esercitata da una di queste particelle sia uguale ed opposta a quella che quest'ultima esercita nello stesso tempo sulla prima»; «... ho ricondotto il fenomeno osservato da Oersted [...] a forze agenti sempre secondo la retta che congiunge le due particelle tra le quali queste si esercitano. Inoltre, ho stabilito che la stessa disposizione o lo stesso movimento dell'elettricità in un filo conduttore si verifica anche intorno alle particelle dei magneti»; «secondo la mia formula è possibile calcolare le forze che si sviluppano tra le particelle di un magnete e quelle di un conduttore o di un altro magnete, secondo rette che congiungono due a due le particelle di cui si considera la mutua azione. I risultati del calcolo sono completamente verificati dalle esperienze fatte e dal loro accordo con le leggi di Coulomb, sull'interazione tra due magneti, e di Biot, sull'interazione tra un magnete e di un conduttore» (A.M. AMPÈRE, *Théorie des phénomènes électro-dynamiques, uniquement déduite de l'expérience*, Paris 1826, pp. 6 sgg.). Insomma, Ampère restò attaccato al formalismo matematico, come ogni newtoniano dell'epoca. Da ciò derivava la critica di Faraday contro «la tendenza a matematizzare eccessivamente i fenomeni» (E. BELLONE, *Michael Faraday*, in P. ROSSI (a cura di) *Storia della Scienza*, Tomo I, Vol. 2, Torino 1988, p. 591). Rimane tuttavia incontestabile, la sentenza esternata Ampère al fine di superare le tante controversie sulle possibilità molteplici di spiegazione: «Qualunque sia la causa fisica alla quale si vogliano attribuire i fenomeni elettrodinamici, la formula che ho ottenuto rimarrà sempre l'espressione dei fatti» (A.M. AMPÈRE, *Théorie des phénomènes électro-dynamiques, uniquement déduite de l'expérience*, op. cit., p. 8).

17 «Ad AMPÈRE (1820) spetta il grande merito di aver proposto una interpretazione dei fenomeni magnetici che, *mutatis mutandis*, è ancora oggi valida e riconduce i fenomeni magnetici ad azioni tra correnti elettriche» (E. PERUCCA, *Fisica generale e sperimentale*, 2 voll., Torino 1960, VII edizione, vol. II tomo 1, § 210).

18 In effetti la sua formula originaria era più complessa, nella quale venivano considerate forze centrali, agenti fra elementi infinitesimi di corrente secondo la legge dell'inverso del quadrato della distanza.

19 Basterebbe qui ricordare il famoso *esperimento di Rowland* del 1876. Nei laboratori di Berlino messigli a disposizione da Helmholtz, il giovane fisico americano Henry Augustus Rowland (1848-1901) realizzò un esperimento che oggi sarebbe ritenuto un risultato da premio Nobel. Rowland fece ruotare un disco di ebanite di 21 centimetri di diametro, caricato elettricamente, a 60 giri al secondo, al fine di dimostrare che cariche in moto possono generare campi magnetici analogamente alle correnti. Per rivelare il campo magnetico venne usato un aghetto magnetizzato posto nelle vicinanze del disco, protetto dagli effetti elettrostatici da una custodia metallica. Per avere un'idea della difficoltà dell'esperienza, è sufficiente osservare che l'intensità del campo magnetico generato dal disco in rotazione risultava circa 50.000 volte più piccola di quello terrestre. I risultati furono puramente qualitativi ma l'esito fu positivo. Per un resoconto più approfondito si veda J.D. Miller, *Rowland and the nature of electric currents*, «Isis» 1972, 63, pp. 4-27; J.D. Miller, *Rowland's magnetic analogy to Ohm's law*, «Isis» 1975, 66, pp. 230-241; J.D. Miller, *Rowland's physics*, «Physics Today» luglio 1976, pp. 39-45. Per una descrizione precisa e illuminante di un esperimento simile a quello di Rowland si confronti il lavoro del rinomato professore di fisica sperimentale del politecnico di Torino E. Perucca, *Fisica generale e sperimentale*, op. cit., vol. II tomo 2, § 452.

20 Sull'impatto delle anomalie nella scienza e sulle relative reazioni da parte degli scienziati non può essere ignorato il resoconto di uno dei massimi capolavori del Novecento al riguardo, T.S. Kuhn, *La strutture delle rivoluzioni scientifiche*, Torino 1978. Scrive Thomas Kuhn a pag. 24: «[Succede che] uno strumento dell'apparato di ricerca, progettato e costruito per gli scopi della ricerca normale, non riesce a funzionare nella maniera aspettata, rivelando un'anomalia [come la focalizzazione del fascio negli acceleratori di particelle] che, nonostante i ripetuti sforzi, non può venire ridotta a conformarsi all'aspettativa professionale». E a pag. 88 puntualizza: «All'inizio, si percepisce soltanto ciò che si aspetta e che è usuale, persino in circostanze nelle quali più tardi l'anomalia viene ad essere rilevata. Una osservazione successiva però permette di rendersi conto che c'è qualcosa di sbagliato...». Qual è la reazione da parte dello scienziato dinanzi ad un'anomalia che perdura nel tempo? «Ammettiamo dunque che le crisi siano una condizione preliminare necessaria all'emergere di nuove teorie e chiediamoci ora come gli scienziati reagiscono alla crisi, quando questa è sopravvenuta. Parte della risposta, tanto ovvia quanto importante, può essere scoperta osservando innanzitutto che cosa gli scienziati non fanno mai quando si trovano di fronte alle anomalie più gravi e prolungate. Anche se la loro fiducia nel paradigma comincia ad essere scossa ed essi possono prendere in considerazione la ricerca di alternative, non rinunciano però ancora al paradigma che li ha portati alla

crisi. *Non considerano cioè le anomalie come controfatti, sebbene nel vocabolario della filosofia della scienza esse abbiano questo significato*» (p. 103, corsivo aggiunto). Non è il caso di rimanere sorpresi, dunque, se lo scienziato riesce a trovare una scappatoia quasi sempre all'anomalia riscontrata, invocando ulteriori elementi in campo per forzare una spiegazione supplementare e apparentemente interna al paradigma, rendendola più sottile e complicata. Normalmente viene prima evocata un'interpretazione svincolata dal campo epistemico della teoria, anche se a causa dell'analfabetismo filosofico viene avvertita priva di contrasto con quest'ultima, come se fosse una lecita e ovvia appendice. Nel caso specifico delle nostre cariche in moto può essere esplicativa la reinterpretazione che i manuali di fisica danno: «Il campo magnetico è una manifestazione di un effetto puramente relativistico». Questa argomentazione, come abbiamo visto, è fallace. Solo perdendo i contorni filosofici dei fondamenti come quello di *Principio di relatività, Principio di reciprocità, Frame Swap* si può arrivare a conclusioni così deplorevoli. Altre interpretazioni si appellano alla *contrazione di Lorentz* e alla complessità (a volte con l'intervento di altre interazioni geneticamente relativistiche prima in letargo), dove nuove formalizzazioni emergono dal magma relativistico continuamente. Ecco perché è necessario appellarsi alla massima semplicità ed evidenza negli esempi utilizzati, come esorta il noto epistemologo Paul Feyerabend: «La metodologia è oggi così affollata di ragionamenti raffinati e vuoti che è estremamente difficile percepire i semplici errori alla base. È un po' come combattere l'idra: quando si riesce finalmente a mozzare una di quelle teste minacciose, essa viene sostituita da otto formalizzazioni. In questa situazione l'unica risposta è la superficialità: quando la complessità perde contenuto, l'unico modo di conservare il contatto con la realtà è di essere rozzi e superficiali, e tale io intendo essere» (P. FEYERABEND, *Come difendere la società contro la scienza*, in I. HACKING (a cura di), *Rivoluzioni scientifiche. Feyerabend, Hacking, Kuhn, Laudan, Popper, Putnam, Shapere*, prefazione di Giulio Giorello, Roma-Bari 1984, p. 216).

21 Scrivono Einstein e Infeld in un capolavoro di divulgazione scientifica, *L'evoluzione della Fisica*, Torino 1965, p. 44: «Studiando la meccanica si riceve l'impressione che, in questo ramo della scienza, tutto è semplice, fondamentale e sistemato per sempre. Non si sospetta nemmeno lontanamente l'esistenza di un importante indizio, sfuggito a tutti per trecento anni. Questo *indizio negletto...*». Si noti come, per ironia della sorte, sostituendo al termine «meccanica» il termine «Relatività» e alla parola «trecento» la parola «cento», la frase esprima compiutamente la condizione della scienza contemporanea, rigirandosi come un boomerang contro lo stesso Einstein.

22 L'argomentazione viene elaborata in modo esaustivo in un nuovo testo in preparazione del presente autore, dove oltre alla *pars destruens* e alla *pars construens*, emergono figure insospettabilmente gigantesche come quella di George Francis FitzGerald (18051-1901) che ha sfiorato la possibilità di battere la teoria di Einstein sul nascere.

23 A. EINSTEIN, *L'elettrodinamica dei corpi in movimento*, in ALBERT EINSTEIN, *Opere scelte*, a cura di Enrico Bellone, Torino 1988, p. 148.

24 G. HOLTON, *Thematic Origins of Scientific Thought. Kepler to Einstein*, Londra 1973 e 1988.

25 Cit. in D. OVERBYE, *Einstein innamorato*, Milano 2002, p. 168.

26 R.V. MACRÌ, *Asimmetrie antirelativistiche del campo*, 1999, in R.V. MACRÌ (a cura di), *Asimmetrie antirelativistiche*, Lecce 2015.

27 Sennonché anche in questo caso, come successe per la scoperta di Ørsted anticipata da Gian Domenico Romagnosi (v. nota 10), ancora una volta un italiano anticiperà la scoperta di Faraday. L'abate Francesco Zantedeschi (1797-1873) rivelò (e dimostrò) di aver anticipato la scoperta di Faraday di due anni. Nel 1829 pubblicò nella "Biblioteca Italiana" una *Nota sopra l'azione della calamita e di alcuni fenomeni chimici*, in appendice alla quale segnalò di aver ottenuto correnti elettriche in un filo di rame avvolto intorno a una calamita a ferro di cavallo. Il presbitero si servirà in seguito di questa pubblicazione (ripresa l'anno successivo dalla "Bibliothèque Universelle" di Ginevra) per rivendicare una sua priorità rispetto alle scoperte del Faraday sulle correnti indotte (1831). Cfr. M. TINAZZI, *Francesco Zantedeschi: mano-scritti e lettere veronesi*, in P. TUCCI (a cura di), "Atti del XVIII Congresso nazionale di storia della fisica e dell'astronomia", Como, 15-16 maggio 1998, Milano 1999; G. COLOMBINI (a cura di), *La fisica a Padova nell'800. Vita e opere di Francesco Zantedeschi*, Padova, 1989.

28 R.V. MACRÌ, *Asimmetrie antirelativistiche del campo*, op. cit.

29 Cfr. R.V. MACRÌ, *La realtà del tempo e la ragnatela di Einstein. I passi falsi di un genio contro la Time Reality*, op. cit., capitoli II, III e IV; dello stesso autore: *Cent'anni di Relatività. Un punto di vista filosofico*, op. cit., pp. 380-394; *Che cos'è il tempo? Bergson, Maritain, Dingle a confronto con Einstein*, «Sapienza», LXI, I, 2008, p. 32. La riformulazione in veste matematica del principio di relatività apporta certamente utilità strumentale ma il fondamento filosofico sottostante non può venire completamente ingabbiato in essa: «Ogni sistema di equazioni può comprendere solo una piccolissima parte della situazione fisica effettiva: dietro le equazioni vi è uno sfondo descrittivo enorme, trami-te il quale esse stabiliscono legami con la natura» (P.W. BRIDGMAN, *La logica della fisica moderna*, Torino 1965, pp. 83-4).

30 Scrive Ernst Mach nel suo celeberrimo *Die Mechanik*...: «Secondo il nostro parere… ogni corpo, considerato con precisione, è in rapporto con tutti gli altri, e quindi un corpo, e a maggior ragione più corpi non sono mai completamente isolati» (E. MACH, *La meccanica nel suo sviluppo storico-critico*, Torino 1977, p. 272). La relatività, però, nella sua metafisica originaria, invita ad astrarre dal contesto accidentale. Einstein sembra consapevole di ciò quando parla delle due masse fluide "*à la Mach*": «Nella meccanica classica vi è un innato difetto epistemologico, che fu chiaramente precisato (forse per la prima volta) da Mach, e che si ripercuote anche nella teoria della relatività ristretta. Lo illustreremo col seguente esempio. Supponiamo che due corpi fluidi, S1 ed S2, della stessa grandezza e della stessa natura fisica, stiano volteggiando liberamente nello spazio, a distanza così grande l'uno dall'altro e da tutte le altre masse che le sole forze gravitazionali di cui abbia significato tener conto siano quelle che sorgono dall'interazione delle differenti parti dello stesso corpo. Supponiamo che la distanza tra le due masse fluide sia invariabile, e che in nessuna delle due masse abbia luogo qualche movimento relativo di una parte rispetto a un'altra. Ma ogni massa, rispetto a un osservatore solidale con l'altra massa, ruoti con la velocità angolare costante attorno alla retta che congiunge le masse. Questo è un moto relativo controllabile dei due corpi. Ora immaginiamo che ciascuno dei due corpi sia stato misurato a mezzo di regoli campione fissi rispetto al corpo stesso, e supponiamo che la superficie di S1 sia una sfera, e quella di S2 un ellissoide di rivoluzione. In seguito a ciò formuliamo il quesito: qual è la ragione di tale diversità tra i due corpi?» (A. Einstein, *I fondamenti della teoria della relatività generale*, 1916, in A. Einstein, *Opere scelte*, a cura di E. Bellone, Torino 1988, p. 284).

31 Ci troviamo in una situazione simile al campo gravitazionale immaginato da Einstein. La luce del Sole impiega otto minuti e 18 secondi per raggiungere la Terra. Se il Sole all'improvviso si spegnesse, o meglio ancora, per qualche evento misterioso scomparisse del tutto, noi continueremmo non solo a percepire i suoi raggi per altri otto minuti, ma anche a girargli intorno come se niente fosse accaduto: il campo gravitazione e le sue perturbazioni associate che attraggono i corpi massicci viaggiano infatti anch'esse alla velocità della luce. Solo dopo otto minuti dal dileguamento del Sole piomberemmo nell'oscurità più completa, voleremmo via nello spazio lungo la tangente e verremmo drammaticamente a conoscenza del fatto che il Sole è sparito dalla sua posizione naturale.

32 «La *proprietà beta* del campo è la caratteristica più "chiara e distinta" – usando celebri aggettivi cartesiani – per il nostro intuito: essa rivela infatti, grazie alla totale indipendenza del campo dal sistema sorgente-osservatore, quel "terzo corpo" (facente le veci del "corpo Alfa" di C. Neumann, relativamente però

ai fenomeni elettromagnetici locali), quel punto di riferimento *fatale* per la relatività einsteiniana» (R.V. Macrì, *Asimmetrie antirelativistiche del campo*, op. cit., § 8, [b] - *Beta* phenomenology).

33 Una *magnetar* (contrazione dei termini inglesi *magne*tic *star*, stella magnetica) è una stella di neutroni che possiede un enorme campo magnetico, milioni di miliardi di volte quello terrestre. Si comporta come un magnete superpotente, fino all'estremo valore di diecimila miliardi di tesla (= cento milioni di miliardi di gauss). Se confrontato col campo magnetico terrestre – valore minore di un gauss – si riesce forse a catturare con l'immaginazione la grandezza smisurata del campo magnetico di un tale oggetto celeste. Per avere un'idea più dettagliata pensiamo al campo magnetico scaturente da una macchina per imaging con risonanza magnetica nucleare, tra i più elevati tra quelli prodotti dall'uomo, che è poco più di un tesla. Una normale calamita arriva sì e no a un millesimo di tesla. Il più forte campo magnetico continuo prodotto dall'uomo fino ad oggi è di 45 tesla (nel settembre 2003, nel laboratorio "National High Magnetic Field Laboratory" dell'Università della Florida a Tallahassee, per mezzo di un magnete ibrido costituito da un solenoide di Bitter circondato da un magnete superconduttore ad una temperatura di 1,8 gradi kelvin). Per il nostro esperimento ideale possiamo ipotizzare *magnetar* aventi campi magnetici anche di un exatesla (un miliardo di miliardi di tesla), senza incorrere in alcuna contraddizione.

34 Cfr. R.V. Macrì, *Che cos'è il tempo? Bergson, Maritain, Dingle a confronto con Einstein*, op. cit.; dello stesso autore: *La realtà del tempo e la ragnatela di Einstein. I passi falsi di un genio contro la Time Reality*, op. cit.

Aczel A., *Il mistero dell'Aleph, La ricerca dell'infinito tra matematica e misticismo*, Milano 2002

Agostino S., *La Città di Dio*, Roma 1949

Agostino S., *Le confessioni*, Alba 1978

Altavilla C., *Fisica e filosofia in Werner Heisenberg*, Napoli 2006

Ampère A.M., *Recueil d'Observations Électro-Dynamiques*, Paris 1822

Ampère A.M., *Théorie des phénomènes électro-dynamiques, uniquement déduite de l'expérience*, Paris 1826

Anderson C., in E. Klein, *Sette volte la rivoluzione. I grandi della fisica contemporanea*, Milano 2006

Angelopoulos A. et al., *T-violation and CPT-invariance measurements in the CPLEAR experiment: a detailed description of the analysis of neutral-kaon decays to \mathrme pn*, «The European Physical Journal C», 22, 1, 2001

Angelopoulos A. et al., *Physics at CPLEAR*, «Physics Reports», 374, 3, 2003

Arcidiacono G., *Relatività ed esistenza*, Roma 1973

Aristotele, *Fisica*, Milano 1995

Aristotele, *De caelo*, Milano 1995

Arp H. et al. (a cura di), *Progress in New Cosmologies* , London - New York 1993

Asimov I., *The Two Masses*, in T. Ferris *The World Treasury of Physics, Astronomy and Mathematics*, Boston 1993

Bachelard G., *Il nuovo spirito scientifico*, Roma-Bari 1978

Bachelard G., *L'esperienza dello spazio nella fisica contemporanea*, Messina 2002

Barbour J., *Absolute or Relative Motion?*, vol. I, *The Discovery of Dynamics*, Cambridge 1989

Barbour J., *La fine del tempo. La rivoluzione fisica prossima ventura*, Torino 2003

Barone M. - Selleri F. (a cura di), *Frontiers of Fundamental Physics*, London – New York 1994

Barone M. et al. (a cura di), *Advances in Fundamental Physics*, Palm Harbor 1994

Barretto Bastos Filho J., *La dissoluzione della realtà: irrealismo e indeterminismo nella fisica del microcosmo*, in M. Mamone Capria (a cura di), *La costruzione dell'immagine scientifica del mondo*, Napoli 1999

Barrow J.D., *Teorie del tutto. La ricerca della spiegazione ultima*, Milano 1992

Bartocci U., *Fondamenti della teoria dei numeri reali*, in F. Selleri - V. Tonini (a cura di), *Dove va la scienza. La questione del realismo*, Milano 1990

Bartocci U. - Mamone Capria M., "Symmetries and Asymmetries in Classical and Relativistic Electrodynamics", *Foundations of Physics*, 21, 7, 1991

BARTOCCI U. - MACRÌ R.V., *Le interpretazioni intuitive della Fisica tra metafora dello spazio pieno e metafora dello spazio vuoto: un ricordo di Marco Todeschini*, Atti Conv. Internaz. "Cartesio e la scienza", Perugia 4-7 sett. 1996

BARTOCCI U., *Albert Einstein e Olinto De Pretto: la vera storia della formula più famosa del mondo*, Bologna 1999

BARTOCCI U., *La scomparsa di Ettore Majorana: un affare di stato?*, Bologna 1999

BARTOCCI U., *La dilatazione relativistica del tempo e il "paradosso dei gemelli": una polemica mai sopita*, «Giornale di Fisica», vol. 41, 1, 2000

BARTOCCI U. - MACRÌ R.V., *Il linguaggio della matematica*, «Episteme», n. 5, 2002

BARTOCCI U., *Il quinto postulato di Euclide*, in MACRÌ R.V. (a cura di), *Asimmetrie antirelativistiche*, Lecce 2015

BARTOCCI U., *I fondamenti concettuali della teoria della relatività ristretta e la sua alternativa naturale, la teoria dell'etere*, in MACRÌ R.V. (a cura di), *I fondamenti della Relatività*, Lecce 2016

BELLONE E., *Michael Faraday*, in P. ROSSI (a cura di), *Storia della Scienza*, Tomo I, Vol. 2, Torino 1988

BELLONE E., *Spazio e tempo nella nuova scienza*, Roma 1994

BELLONE E., *Il maggior filosofo del Ventesimo secolo*, «Le Scienze», n. 435, Novembre 2004

BELLONE E., *L'arte einsteiniana del filosofare*, «Le Scienze» n. 463, 2007

BELLONE E., *Filosofia di un terrorista algebrico*, «Le Scienze» n. 464, 2007

BENCIVENGA E., *I passi falsi della scienza*, Milano 2001

BERGIA S., *Einstein e la relatività*, Bari 1980

BERGIA S. - VALLERIANI M., *Relatività ristretta: convenzione o nuova concezione del mondo?*, «Giornale di Fisica», 39, 4, 1998

BERGSON H., *Durata e simultaneità (a proposito della teoria di Einstein) e altri testi sulla teoria della Relatività di Henri Bergson*, a cura di P. Taroni, Bologna 1997

BERGSON H., *I tempi fittizi e il tempo reale*, in H. BERGSON, *Durata e simultaneità*, Bologna 1997

BERGSON H., *La pensée et le mouvant*, nota 1 all'introduzione, tr. it. in in H. BERGSON, *Durata e simultaneità*, Bologna 1997

BERTI E., *Tempo ed eternità*, in L. RUGGIU (a cura di), *Filosofia del tempo*, Milano 1998

BEVILACQUA F. - GIANNETTO E. (a cura di), *Volta and the History of Electricity*, Milano 2003

BJERKNES C.J., *Albert Einstein: The Incorrigible Plagiarist*, Illinois 2002

BODEI R., *Presentazione*, in M. DORATO, *Futuro aperto e libertà. Un'introduzione alla filosofia del tempo*, Roma-Bari 1997

BOFFI S. (a cura di), *De Broglie – Schrödinger – Heisenberg, Onde e particelle in armonia. Alle sorgenti della meccanica quantistica*, Milano 1991

BONCINELLI E., *Tempo della vita, tempo dell'anima*, Bari 2003

BONIOLO G. (a cura di), *Filosofia della fisica*, Milano 1997

Boniolo G. - Dorato M., *Dalla relatività galileiana alla relatività generale*, in G. Boniolo (a cura di), *Filosofia della fisica*, Milano 1997

Bottazzini U., *Poincaré: il cervello delle scienze razionali*, Milano 1999

Bottazzini U., *Insiemi di punti e numeri transfiniti*, in P. Rossi (a cura di), *Storia della scienza moderna e contemporanea*, vol. III, tomo I, Milano 2000

Bottazzini U., *Fondamenti dell'aritmetica e della geometria*, in P P. Rossi (a cura di), *Storia della scienza moderna e contemporanea*, vol. III, tomo I, Milano 2000

Bottazzini U., *Poincaré, Einstein e il principio di relatività*, in «Nuova Civiltà delle Macchine», xxiv, 4, 2006

Bridgman P.W., *La logica della fisica moderna*, Torino 1965

Bruno G., *La cena de le ceneri*, Milano 1995

Builder G., *Ether and Relativity*, «Australian Journal of Physics», 11, 3, 1958

Builder G., *The Constancy of the Velocity of Light*, «Australian Journal of Physics», 11, 4, 1958

Bunge M., *Causality - The Place of the Causal Principle in Modern Science*, London 1959

Bunge M., "Causality, Chance, and Law", *American Scientist*, 49, 4, 1961

Cagliano S., *Divulgare una rivoluzione*, in «Le Scienze» n. 443, 2005

Capek M., *Il mito del paesaggio "congelato": lo status del divenire nel mondo fisico*, in V. Fano - I. Tassani (a cura di), *L'orologio di Einstein. La riflessione filosofica sul tempo della fisica*, Bologna 2002

Casini P., *Newton e la coscienza europea*, Bologna 1983

Cassirer E., *Storia della filosofia moderna*, Torino 1955

Cassirer E., *Sostanza e funzione. Sulla teoria della relatività di Einstein*, Firenze 1973

Cassirer E., *Cartesio e Leibniz*, Roma-Bari 1986

Castelfranchi G., *Fisica moderna atomica e nucleare*, Milano 1959

Castelnuovo G., *Spazio e tempo secondo le vedute di A. Einstein*, Bologna 1981

Chalmers A.F., *Che cos'è questa scienza?*, Milano 1979

Changeux J.P. - Connes A., *Pensiero e materia*, Torino 1991

Colombini G. (a cura di), *La fisica a Padova nell'800. Vita e opere di Francesco Zantedeschi*, Padova 1989.

Conti L. - Mamone Capria M. (a cura di), *La scienza e i vortici del dubbio*, Napoli 1999

Copernico N., *De revolutionibus orbium caelestium*, Torino 1975

Costa de Beauregard O., *La notion de temps. Equivalence avec l'espace*, Paris 1963

Cunningham E., *The Principle of relativity*, Cambridge 1914

Cusano N., *La dotta ignoranza*, Roma 1998

Davies P. - Gribbin J., *The Matter Myth*, New York 1996

Davies P., *Come costruire una macchina del tempo*, Milano 2003

De Climont J., *The Worldwide List of Alternative Theories and Critics*, Editions d'Assailly 2020

De Montaigne M., *Saggi*, vol. I, Milano 1991

Descartes R., *Opere filosofiche*, Roma-Bari 1991

Descartes R., *Regulae ad directionem ingenii*, in *Opere filosofiche*, vol. I, Roma-Bari 1991

Descartes R., *I principii della filosofia*, in *Opere filosofiche*, vol. terzo, Roma-Bari 1991

Descartes R., *Il Mondo o Trattato della luce*, in *Opere filosofiche*, vol. primo, Roma-Bari 1991

Deutsch D. - Lockwood M., *La fisica quantistica del viaggio nel tempo*, «Le Scienze», 309, 1994

Di Trocchio F., *Le bugie della scienza*, Milano 1993

D'Holbach P.H.T., *Sistema della natura*, Torino 1978

Dijksterhuis E.J., *Il meccanicismo e l'immagine del mondo. Dai presocratici a Newton*, Milano 1980

Dingle H., *Science at the Crossroads*, London 1972

Dorato M., *Futuro aperto e libertà. Un'introduzione alla filosofia del tempo*, Roma-Bari 1997

Duffy M.C. (a cura di), *Physical Interpretations of Relativity Theory*, London 1990

Duhem P., *La teoria fisica: il suo oggetto e la sua struttura*, Bologna 1978

Eddington A.S., *Spazio, tempo e gravitazione*, Torino 1971

Einstein A., *Relativity: The Special and the General Theory*, 1916

Einstein A., *Lettera di Michele Besso ad Albert Einstein del 3 agosto 1952*, in *Einstein's Collected Papers*

Einstein A., *Replica alle osservazioni dei vari autori*, in Schilpp P.A. (a cura di), *Albert Einstein, scienziato e filosofo*, Torino 1958

Einstein A. - Infeld L., *L'evoluzione della fisica*, Torino 1965

Einstein A., *Relatività: esposizione divulgativa*, Torino 1967

Einstein A.. Born M., *Scienza e vita. Lettere 1916-1955*, Torino 1973

Einstein A., *Autobiografia scientifica*, Torino 1979

Einstein A., *Opere scelte di Albert Einstein*, a cura di E. Bellone, Torino 1988

Einstein A., *I fondamenti della teoria della relatività generale*, 1916, in A. Einstein, *Opere scelte*, a cura di E. Bellone, Torino 1988

Einstein A., *Lettera a Michele Besso del 6 gennaio 1948*, in A. Einstein, *Opere scelte di Albert Einstein*, a cura di E. Bellone, Torino 1988

Einstein A., *Lettera a Michele Besso del 24 luglio 1949*, in A. Einstein, *Opere scelte di Albert Einstein*, a cura di E. Bellone, Torino 1988

Einstein A., *Lettera a Max Born del 12 maggio 1952*, in A. Einstein, *Opere scelte*, a cura di E. Bellone, Torino 1988

Einstein A., *Lettera a Michele Besso del 13 luglio 1952*, in A. Einstein, *Opere scelte di Albert Einstein*, a cura di E. Bellone, Torino 1988

Einstein A., *Lettera a Michele Besso del 29 luglio 1953*, in A. Einstein, *Opere scelte di Albert Einstein*, a cura di E. Bellone, Torino 1988

EINSTEIN A., *Lettera al figlio e alla sorella di Michele Besso del 21 marzo 1955*, in A. EINSTEIN, *Opere scelte di Albert Einstein*, a cura di E. Bellone, Torino 1988

EINSTEIN A., *L'elettrodinamica dei corpi in movimento*, in ALBERT EINSTEIN, *Opere scelte*, a cura di Enrico Bellone, Torino 1988

ENRIQUES F., *Problemi della scienza*, sec. ediz., Bologna 1909

ENRIQUES F. - DE SANTILLANA G., *Compendio di storia del pensiero scientifico*, Bologna 1936

EPICURO, *Opere*, Torino, 1983

ESSEN L., *The Special Theory of Relativity: A Critical Analysis*, Oxford 1971

ESSEN L., *Relativity - Joke or Swindle?*, «Electronics and Wireless World», 94, 1978

ESSEN L., *Relativity and Time Signals*, «Electronics and Wireless World», Oct. 1978

EULERO L., *Reflexions sur l'espace et le temps*, «Memoir de l'Academie des Sciences de Berlin», 4; in *Leonhardi Euleri Opera Omnia*, ser. III, vol. 2

EULERO L., *Lettere a una principessa tedesca*, Torino 2007

FABER R.L., *Differential Geometry and Relatività Theory*, New York 1983

FANO V. (a cura di), *Fondamenti e filosofia della fisica*, Cesena 1996

FANO V. - TASSANI I., *L'orologio di Einstein. La riflessione filosofica sul tempo della fisica*, Bologna 2002

FANTAPPIÉ L., *Relatività e concetto di esistenza*, in G. ARCIDIACONO, *Relatività ed esistenza*, Roma 1973

FERRIS T., *The World Treasury of Physics, Astronomy and Mathematics*, Boston 1993

FEUER L.S., *Einstein e la sua generazione. Nascita e sviluppo di teorie scientifiche*, Bologna 1990

FEYERABEND P.K., *Come difendere la società contro la scienza*, in I. HACKING (a cura di), *Rivoluzioni scientifiche. Feyerabend, Hacking, Kuhn, Laudan, Popper, Putnam, Shapere*, prefazione di Giulio Giorello, Roma-Bari 1984

FEYNMAN R., *La legge fisica*, Torino 1971

FEYNMAN R., *QED: la strana teoria della luce e della materia*, Milano 1989

FEYNMAN R., *Il senso delle cose*, Milano 1999

FRANK P., *Einstein - His life and Times*, New York 1947

FURNARI G., *Tre articoli per un mistero*, Lulu.com 2009

FURNARI G., *Da Zenone a Cantor*, Milano 2013

GADAMER H.G., *L'enigma del tempo*, Bologna 1996

GALGANI L., *Einstein e Poincaré*, in V. FANO (a cura di), *Fondamenti e filosofia della fisica*, Cesena 1996

GALILEI G., *Dialogo sopra i due massimi sistemi del mondo*, Torino 1970

GALILEI G., *Le opere di Galileo Galilei*, Edizione Nazionale, Firenze 1890

GALILEI G., *Discorso intorno a due nuove scienze*, vol. II, Torino 1980

GAMOW G., *Trent'anni che sconvolsero la fisica*, Bologna 1966

GAMOW G., *Le avventure di Mr. Tompkins. Viaggio «scientificamente fantastico» nel mondo della fisica*, Bari 1995

GAMOW G., *Biografia della fisica*, Milano 1998

GARBASSO A., *Scienza realistica*, in J. DE BLASI (a cura di), *Scienza e poesia*, Firenze 1934

GARDNER H., *Sapere per comprendere*, Milano 1999

GARDNER H., *Educare al comprendere*, Milano 2001

GENOVESI A., *Bergson e Einstein. Dalla percezione della durata alla concezione del tempo*, Milano 2001

GHIRARDI G.C., *I fondamenti concettuali e le implicazioni epistemologiche della meccanica quantistica*, in G. BONIOLO (a cura di), *Filosofia della fisica*, Milano 1997

GHIRARDI G.C., *Un'occhiata alle carte di Dio. Gli interrogativi che la scienza moderna pone all'uomo*, Milano 1997

GILLIES D. - GIORELLO G., *La filosofia della scienza nel XX secolo*, Roma-Bari 2006

GINGERICH O., *L'affare Galileo*, «Le Scienze», n. 170, ottobre 1982

GIORELLO G., *Il 'disgusto dell'infinito' e il rigore del calcolo*, in G. TORALDO DI FRANCIA (a cura di), *L'infinito nella scienza*, Roma 1987

GIORELLO G., SINDONI E., SINIGAGLIA C., *Il tempo tra scienza e filosofia*, Milano 2002

GLEICK J., *Genius: The Life and Science of Richard Feynman*, New York 1992

GOTT J.R., *Time Travel in Einstein's Universe: The Physical Possibilities of Travel Through Time*, New York 2002

GÖDEL K., *Teoria della relatività e filosofia idealistica*, in P.A. SCHILPP (a cura di), *Albert Einstein, scienziato e filosofo*, Torino 1958

GRIBBIN J., *Time-Warps*, New York 1979

GRIBBIN J., *Costruire la macchina del tempo. Viaggio attraverso i buchi neri e i cunicoli spazio-temporali*, Roma 1996

GRÜNBAUM A., *Philosophical problems of space and time*, New York 1963

GUITTON J. - BOGDANOV G. e I., *Dio e la scienza*, Milano 1992

HACK M., BATTAGLIA P., BUCCHERI R., *L'idea del tempo*, Torino 2005

HACK M., *La relatività di Einstein e la dimensione spaziotempo*, in M. HACK, P. BATTAGLIA, R. BUCCHERI, *L'idea del tempo*, Torino 2005

HACKING I. (a cura di), *Rivoluzioni scientifiche. Feyerabend, Hacking, Kuhn, Laudan, Popper, Putnam, Shapere*, prefazione di Giulio Giorello, Roma-Bari 1984

HANSON N.R., *Il concetto di positrone. Un'analisi filosofica*, Milano 1989

HAWKING S.W. - PENROSE R., *The Nature of Space and Time*, Princeton 1996

HAWKING S. - MLODINOW L., *Il grande disegno*, Milano 2011

HEIDEGGER M., *Essere e tempo*, 1927, Milano 1976

HEIDEGGER M., *Il concetto di tempo*, 1924, Milano 1998

HEISENBERG W., *Fisica e oltre*, Torino 1984

HEISENBERG W., *Il contenuto intuitivo della cinematica e della meccanica nella teoria quantistica*, in S. BOFFI (a cura di), *De Broglie – Schrödinger – Heisenberg, Onde e particelle in armonia. Alle sorgenti della meccanica quantistica*, Milano 1991

HEISENBERG W., *Fisica e filosofia*, Milano 1994

Herivel J., *The background to Newton's "Principia"*, Oxford 1965

Hoffmann B. - Dukas H., *Albert Einstein, creatore e ribelle*, Milano 2002

Holton G., *Thematic Origins of Scientific Thought. Kepler to Einstein*, Londra 1973 e 1988

Holton G., *L'immaginazione scientifica*, Torino 1983

Holton G., *Einstein e la cultura scientifica del XX secolo*, Bologna 1991

Hume D., 1739, *Trattato della natura umana*, Milano 2001

James W., *Il pensiero*, Torino 1969

James W., *Pragmatismo*, 1907, in W. James, *Il pensiero*, Torino 1969

Jammer M., *Storia del concetto di massa*, Milano 1980

Jammer M., *Storia del concetto di spazio*, Milano 1981

Jauch J.M., *Sulla realtà dei quanti. Un dialogo galileiano*, Milano 1996

Kaku M., *Iperspazio. Un viaggio scientifico attraverso gli universi paralleli*, Cesena 2002

Kaku M., *Mondi paralleli. Un viaggio attraverso la creazione, le dimensioni superiori e il futuro del cosmo*, Torino 2006

Kaku M. - Thompson J., *Oltre Einstein. La nuova fisica, l'indagine cosmica e la teoria dell'universo*, Roma 2006

Kant I., *Le quattro dissertazioni latine*, Milano 1944

Kant I., *De mundi sensibilis atque intelligibilis forma et principiis*, in *Le quattro dissertazioni latine*, Milano 1944

Kant I., *Principi metafisici della scienza della natura*, Milano 2003

Kelly A., *Hafele & Keating Tests; Did They Prove Anything?*, Celbridge, Co. Kildare, Ireland 1997

Kelly A., *Challenging Modern Physics: Questioning Einstein's Relativity Theories*, Boca Raton 2005

Kierkegaard S., *Il concetto dell'angoscia*, in *Opere*, a cura di C. Fabro, Firenze 1972

Kierkegaard S., *Diario*, Brescia 1980

Klein E., *Il tempo esiste?*, Siena 2006

Klein E., *Sette volte la rivoluzione. I grandi della fisica contemporanea*, Milano 2006

Kline M., *Matematica: la perdita della certezza*, Milano 1985

Kline M., *Storia del pensiero matematico*, vol. II, Torino 1996

Kostro L., *Einstein e l'etere. Relatività e teoria del campo unificato*, Bari 2001

Koyré A., *Newtonian studies*, London 1965; (trad. Italiana, *Studi newtoniani*, Torino 1972)

Koyré A., *Prefazione*, in Niccolò Copernico, *De revolutionibus orbium caelestium*, a cura di Alexandre Koyré, Torino 1975

Koyré A., *Studi galileiani*, Torino 1976

Krauss L.M., *Dietro lo specchio. Il misterioso fascino delle dimensioni addizionali, da Platone alla teoria delle stringhe e oltre*, Torino 2007

Kuhn T.S., *La struttura delle rivoluzioni scientifiche*, Torino 1978

Kumar M., *Quantum*, Milano 2010

La Rosa M., in A. Kopff, *I fondamenti della relatività einsteiniana*, Milano 1923

La Rosa M., *Le concept de temps dans la théorie d'Einstein*, «Scientia», vol. 34, 1923

Lakatos I., *La metodologia dei programmi di ricerca scientifici*, Milano 2001

Lalande A., *Henri Poincaré, da "La science et l'hypothèse" alle "Dernières pensées"*, in P.P. Wiener - A. Noland (a cura di), *Le radici del pensiero scientifico*, Milano 1971

Landau L.D. - Lifšits E.M., *Fisica teorica 1: Meccanica*, Roma 1979

Landucci P.C., *Einstein confutato dalla fondamentale esperienza di Michelson*, «Studi Cattolici», 249, 1981

Langevin P., *L'évolution de l'espace et du temps*, «Scientia», vol. X, n. XIX-3, 1911

Lederman L. - Teresi D., *The God Particle*, New York 1993

Leibniz G.W., *Verità prime*, in *Scritti di metafisica*, in G.W. Leibniz, *Scritti filosofici*, a cura di Domenico Omero Bianca, vol.1, Torino 1967

Lenzen V.F., *La teoria della conoscenza di Einstein*, in P.A. Schilpp (a cura di), *Albert Einstein, scienziato e filosofo*, Torino 1958

Levrini O., *Relatività ristretta e concezioni di spazio*, «Giornale di Fisica», 40, 4, 1999

Linguerri S. – Simili R. (a cura di), *Einstein parla italiano. Itinerari e polemiche*, Bologna 2008

Lolli G., *Le ragioni fisiche e le dimostrazioni matematiche*, Bologna 1985

Lolli G., *Logica e fondamenti della matematica*, in G. Lolli, *Le ragioni fisiche e le dimostrazioni matematiche*, Bologna 1985

Lolli G., *Beffe, scienziati e stregoni. La scienza oltre realismo e relativismo*, Bologna 1998

Lucrezio, *De rerum natura*, Milano 1997

Mach E., *La meccanica nel suo sviluppo storico-critico*, Torino 1977

Macrì R.V., *Sull'aspetto solipsistico della teoria della relatività*, 1997, in Macrì R.V. (a cura di), *Asimmetrie antirelativistiche*, Lecce 2015

Macrì R.V., *Asimmetrie antirelativistiche del campo*, 1999, in Macrì R.V. (a cura di), *Asimmetrie antirelativistiche*, Lecce 2015

Macrì R.V., *Regarding the Theoretical and Experimental Foundations of Special Relativity*, convegno *Galileo Back in Italy II*, 26-28 maggio 1999, poi in Macrì R.V. (a cura di), *I fondamenti della Relatività*, Lecce 2016

Macrì R.V., *Relativismo e pensiero debole: la perdita del fondamento*, «Episteme», n.1, 2000

Macrì R.V., *La fisica unifenomenica cartesiana e il punto debole dell'IA forte*, «Episteme», 4, 2001

Macrì R.V., *I FLOP nella trattazione relativistica del tempo*, in F. Selleri (a cura di), *La natura del tempo*, Bari 2002

Macrì R.V., *Neopitagorsmo e relatività*, «Episteme», n.6 (II), 2002

Macrì R.V., *La detronizzazione della metafisica secondo Maritain e il nichilismo contemporaneo*, «Sapienza», LV, 4, 2002

Macrì R.V., *Cent'anni di Relatività. Un punto di vista filosofico*, «Sapienza», LIX, 4, 2006

Macrì R.V., *Che cos'è il tempo? Bergson, Maritain, Dingle a confronto con Einstein*, «Sapienza», LXI, I, 2008

Macrì R.V., *La «funziolatria» epistemologica e l'esperimento di Wason*, «Vertigo Fil Rouge», anno 3, n. 7, 2011

Macrì R.V. (a cura di), *Asimmetrie antirelativistiche*, Lecce 2015

Macrì R.V., *Simmetrie forzate e simmetrie infrante nella Relatività Speciale*, in Macrì R.V. (a cura di), *Asimmetrie antirelativistiche*, Lecce 2015

Macrì R.V. (a cura di), *I fondamenti della Relatività*, Lecce 2016

Macrì R.V., *I tre livelli delle teorie fisiche*, in Macrì R.V. (a cura di), *I fondamenti della Relatività*, Lecce 2016

Macrì R.V., *Anatomia del Gedankenexperiment*, in Macrì R.V. (a cura di), *I fondamenti della Relatività*, Lecce 2016

Macrì R.V., *L'esperimento di Michelson e Morley: elementi eclissati ed ermeneutica emergente*, preprint.

Maiocchi R., *Einstein in Italia. La scienza e la filosofia italiane di fronte alla teoria della relatività*, Milano 1985

Majorana E., *Scientific Papers*, edited by G.F. Bassani and the Council of the Italian Physical Society, Bologna 2006

Mamone Capria M. - Pambianco F., *On the Michelson-Morley Experiment*, «Foundations of Physics», 34, n.6, 1994

Mamone Capria M. (a cura di), *La costruzione dell'immagine scientifica del mondo*, Napoli 1999

Mamone Capria M., *La crisi delle concezioni ordinarie di spazio e di tempo: la teoria della relatività*, in M. Mamone Capria (a cura di), *La costruzione dell'immagine scientifica del mondo*, Napoli 1999

Manaresi R., *Il paradosso dei gemelli*, in Selleri F. (a cura di), *La natura del tempo*, Bari 2002

Maritain J., *La metafisica dei fisici ossia la simultaneità secondo Einstein*, «Riv. Filos. Neoscolastica», 15:313, 1923

Maritain J., *Il contadino della Garonna*, Brescia 1977

Maritain J., *Antimoderno*, Roma 1979

Martins R. de A., *Resistance to the discovery of electromagnetism: Ørsted and the symmetry of the magnetic field*, in F. Bevilacqua - E. Giannetto (a cura di), *Volta and the History of Electricity*, Milano 2003, pp. 245-265

McTaggart J.E., *L'irrealtà del tempo*, Milano 2006

Mermin N.D., *Space and Time in Special Relativity*, New York 1968

Meyerson E., *La deduzione relativistica*, intr. e trad. di C. Vinti, Pisa-Roma 1998

Miller J.D., *Rowland and the nature of electric currents*, «Isis» 63, 1972

Miller J.D., *Rowland's magnetic analogy to Ohm's law*, «Isis» 66, 1975

Miller J.D., *Rowland's physics*, «Physics Today», luglio 1976

Minkowski H., *Raum und Zeit*, «Jahresb. deu. Mat.-Ver.», 18:75, 1909; «Phys. Z.», 10:104, 1909

MONTI D., *Equazione di Dirac*, Torino 1996

MØLLER C., *The Theory of Relatività*, Oxford 1972

MUELLER G. O. - KNECKEBRODT K., *95 Years of Criticism of the Special Theory of Relativity (1908-2003)*, Germany 2006

NAHIN P., *An Imaginary Tale. The Story of (the squame root of minus one)*, Princeton 1998

NAHIN P., *Time Machines*, New York 1999

NEWTON I., *Principi matematici della filosofia naturale*, Torino 1965

NOBILI R., *La cognizione dello spazio e il principio di dualità*, Pavia 1990

NOVAK J.D., *L'apprendimento significativo*, Trento 2001

NUTRICATI P., *Oltre i paradossi della fisica moderna*, Bari 1998

ODIFREDDI P., *Introduzione a un ABC*, in B. RUSSELL, *L'ABC della relatività*, Milano 2005

O'NEILL B., *Semi-Riemannian Geometry*, New York – London 1983

OREFICE A. - GIOVANELLI R., *Attualità dei paradossi di Copenhagen*, «Il Nuovo Saggiatore», anno 16, 5-6, 2000

ØRSTED H.C., *Experimenta circa effectum conflictus electrici in acum magneticam*, 1820, Hafniae (Copenaghen), pubblicata in francese: *Expériences sur l'effet du conflict électrique sur l'aiguille aimantée*, «Annales de chimie et de physique», 1820, vol. 14, p. 417- 425

OSIANDER A., in NICCOLÒ COPERNICO, *De revolutionibus orbium caelestium*, Torino 1975

OVERBYE D., *Einstein innamorato. La vita di un genio tra scoperte scientifiche e passione romantica*, Milano 2002

PAIS A., *«Sottile è il Signore…». La scienza e la vita di Albert Einstein*, Torino 1991

PAIS A., *Il danese tranquillo. Niels Bohr, un fisico e il suo tempo*, 1885-1962, Torino 1993

PAIS A., *Einstein è vissuto qui*, Torino 1995

PANTALEO M. (a cura di), *Cinquant'anni di relatività (1905-1955)*, Firenze 1955

PAURI M., *La descrizione fisica del mondo e la questione del divenire temporale*, in BONIOLO G. (a cura di), *Filosofia della fisica*, Milano 1997

PAURI M., *La questione dell'oggettività dello spazio-tempo: un excursus da Parmenide ad Albert Einstein*, in «Nuova Civiltà delle Macchine», XXIV, 3, 2006

PENROSE R., *Ombre della mente*, Milano 1996

PENROSE R., *La mente nuova dell'imperatore. La mente, i computer e le leggi della fisica*, Firenze 1998

PERUCCA E., *Fisica generale e sperimentale*, 2 voll., VII edizione, Torino 1960

PLATONE, *Timeo*, Roma-Bari 1974

PLOTINO, *Enneadi*, Milano 2002

POINCARÉ H., *La Mesure du Temps, in Revue de Métaphysique et de Morale*, 6 :1, 1898

POINCARÉ H., *La scienza e l'ipotesi*, Bari 1989

POINCARÉ H., *La théorie de Lorentz et le principe de réaction*, «Archives Néerlandaises des Sciences exactes et naturelles», serie II, vol. 5

PoincarÉ H., *Scritti di fisica-matematica*, a cura di U. Sanso, Torino 1993

PoincarÉ H., *A proposito della teoria di Larmor* (1895), in Jules Henri Poincaré, *Scritti di fisica-matematica*, a cura di U. Sanso, Torino 1993

PoincarÉ H., *Scienza e metodo*, Torino 1997

Popper K.R., *Logica della scoperta scientifica*, Torino 1970

Popper K.R., *La ricerca non ha fine. Autobiografia intellettuale*, Roma 1978

Polvani G., *Il moto della Terra, filo storico della Relatività*, in M. Pantaleo (a cura di), *Cinquant'anni di relatività* (1905-1955), Firenze 1955

Possenti V. (a cura di), *Ragione e verità*, Roma 2005

Possenti V., *L'alleanza fra Mosè e Socrate, e il fallibilismo*, in V. Possenti (a cura di), *Ragione e verità*, Roma 2005

Pulpito M., *Parmenide e la negazione del tempo. Interpretazioni e problemi*, Milano 2005

Pyenson L., *The young Einstein - The advent of relativity*, Bristol-Boston 1985

Recami E., *Il caso Majorana*, Milano 1991

Regge T., *Relatività e cosmologia negli ultimi decenni*, in A.S. Eddington *Spazio, tempo e gravitazione*, Torino 1971

Regge T., *Infinito. Viaggio ai limiti dell'universo*, Milano 1995

Reichenbach H., *Il significato filosofico della teoria della relatività*, 1949, in P.A. Schilpp (a cura di), *Albert Einstein, scienziato e filosofo*, Torino 1958

Reichenbach H., *Filosofia dello spazio e del tempo*, Milano 1977

Reichenbach H., *Relatività e conoscenza a priori*, Bari 1984

Resnick R., *Introduzione alla relatività ristretta*, Milano 1979

Rindler W., *La relatività ristretta*, Roma 1971

Rossi P. (a cura di), *Storia della Scienza*, Tomo I, Vol. 2, Torino 1988

Rossi P. (a cura di), *Storia della scienza moderna e contemporanea*, vol. III, tomo I, Milano 2000

Rucker R., *La mente e l'infinito*, Padova 1991

Rucker R., *La quarta dimensione. Un viaggio guidato negli universi di ordine superiore*, Milano 1995

Rudnicki K. (a cura di), *Redshift and Gravitation in a Relativistic Universe*, Montreal 2001

Ruggiu L., *Filosofia del tempo*, Milano 1998

Russell B., *Misticismo e Logica*, Milano 1993

Russell B., *La Matematica e i Metafisici*, in *Misticismo e Logica*, Milano 1993

Russell B., *Una filosofia per il nostro tempo*, Milano 1995

Russell B., *La mia filosofia*, Roma 1995

Russell B., *L'ABC della relatività*, Milano 2005

Schilpp P.A. (a cura di), *Albert Einstein, scienziato e filosofo*, Torino 1958

Schrödinger E., *L'immagine del mondo*, Torino 2001

Selleri F., *La causalità impossibile. L'interpretazione realistica della fisica dei quanti*, Milano 1988

Selleri F., *Special relativity as a limit of ether theories*, in M.C. Duffy (a cura di), *Physical Interpretations of Relativity Theory*, London 1990

SELLERI F. - TONINI V. (a cura di), *Dove va la scienza. La questione del realismo*, Milano 1990

SELLERI F., *Fondamenti della fisica moderna*, Milano 1992

SELLERI F., (a cura di), *Fundamental Questions in Quantum Physics and Relativity*, Palm Harbor 1993

SELLERI F., *Clock synchronization and relativity*, in F. SELLERI (a cura di), *Fundamental Questions in Quantum Physics and Relativity*, Palm Harbor 1993

SELLERI F., *On the meaning of special relativity if a fundamental frame exists*, in H. ARP et al. (a cura di), *Progress in New Cosmologies* , London - New York 1993

SELLERI F., *Theories equivalent to special relativity*, in M. BARONE - F. SELLERI (a cura di), *Frontiers of Fundamental Physics*, London – New York 1994

SELLERI F., *Complementarity vs. causality in space and time*, in M. BARONE et al. (a cura di), *Advances in Fundamental Physics*, Palm Harbor 1994

SELLERI F., *Mr. Tompkins a testa in giù*, in G. GAMOW, *Le avventure di Mr. Tompkins. Viaggio «scientificamente fantastico» nel mondo della fisica*, Bari 1995

SELLERI F., *Inertial systems and absolute transformations of space and time*, «Physics Essays», 8:342, 1995

SELLERI F., *Space, time and their transformations*, in Space, Time, Motion - Theory & Experiment, «Chinese Jour. Syst. Eng. Electronics», 6:25, 1995

SELLERI F., *Noninvariant one-way velocity of light*, «Found. Phys.», 26:641, 1996

SELLERI F., *Absolute vs. Lorentz transformations of space and time* in W. TKACZYK (a cura di), *The Structure of Space and Time*, Lodz 1996

SELLERI F., *Tempo relativo e simultaneità assoluta*, «Atti del XVI Congresso di Storia della Fisica e dell'Astronomia», Como 23-24 maggio 1996

SELLERI F., *Necessity of noninvariant one-way speed of light in relativistic physics*, in M.C. DUFFY (a cura di), *Physical Interpretations of Relativity Theory*, London 1996

SELLERI F., *Le teorie equivalenti alla relatività e la natura del tempo*, Conv. internaz. "Cartesio e la scienza", Perugia, 4-7 sett. 1996

SELLERI F., *Teorie equivalenti alla relatività speciale*, in V. FANO (a cura di), *Fondamenti e filosofia della fisica*, Cesena 1996

SELLERI F., *Tempo relativo e simultaneità assoluta*, in P. TUCCI (a cura di), *Atti del XVI congresso nazionale di storia della fisica e della astronomia*, Como 1996

SELLERI F., *Noninvariant one-way speed of light and locally equivalent reference frames*, «Found. Phys. Lett.», 10:73, 1997

SELLERI F., *Il principio di relatività e la natura del tempo*, in "Giornale di fisica", XXXVIII, 2, 1997

SELLERI F., *Time on a rotating platform* (con F. GOY), «Found. Phys. Lett.», 10:17, 1997

SELLERI F., *The relativity principle and the nature of time*, Found. Phys., 27:1527, 1997

SELLERI F., (a cura di), *Open Questions in Relativistic Physics*, Montreal 1998

SELLERI F., *On a logical problem in the theory of relativity and its overcoming*, in M.C. DUFFY (a cura di), *Physical Interpretations of Relativity Theory*, London 1998

SELLERI F., *Introduzione*, in P. NUTRICATI, *Oltre i paradossi della fisica moderna*, Bari 1998

SELLERI F., *On the existence of a physical and mathematical discontinuity in relativistic theory*, in F. SELLERI (a cura di), *Open Questions in Relativistic Physics*, Montreal 1998

SELLERI F., *La fisica del novecento. Per un bilancio critico*, Bari 1999

SELLERI F., *Teorie alternative alla relatività e natura del tempo*, in L. CONTI - M. MAMONE CAPRIA (a cura di), *La scienza e i vortici del dubbio*, Napoli 1999

SELLERI F., *Space and Time are better than Spacetime*, (I e II), in K. RUDNICKI (a cura di), *Redshift and Gravitation in a Relativistic Universe*, Montreal 2001

SELLERI F., *The Lorentz contraction implies the existence of a privileged inertial system*, «Journal of New Energy», 5:32, 2001

SELLERI F., *Relatività e relativismo*, «Revista de filosofia», 25, 2001

SELLERI F. (a cura di), *La natura del tempo*, Bari 2002

SELLERI F., *Introduzione*, in F. SELLERI (a cura di), *La natura del tempo*, Bari 2002

SELLERI F., *È possibile inviare messaggi verso il passato?*, in F. SELLERI (a cura di), *La natura del tempo*, Bari 2002

SELLERI F., *Lezioni di relatività. Da Einstein all'etere di Lorentz*, Bari 2003

SELLERI F., *La relatività debole. La fisica dello spazio e del tempo senza paradossi*, Milano 2011

SESTO EMPIRICO, *Adv. Math.*, X, 219, in EPICURO, *Opere*, Torino, 1983

SEVERI F., *Aspetti matematici dei legami tra relatività e senso comune*, in M. PANTALEO (a cura di), *Cinquant'anni di relatività* (1905-1955), Firenze 1955

SEVERINO E., *Divenire e tempo*, in G. GIORELLO, E. SINDONI, C. SINIGAGLIA, *Il tempo tra scienza e filosofia*, Milano 2002

SILBERSTEIN L., *The theory of relativity*, London 1914

SMOLIN L., *La rinascita del tempo. Dalla crisi della fisica al futuro dell'universo*, Torino 2014

SOKAL A., *Trasgressing the Boundaries: An Afterword*, «Dissent» 43(4), 1996

SOKAL A. - BRICMONT J., *Imposture intellettuali*, Milano 1999

SOMMERFELD A., *Per il compleanno di Albert Einstein*, in P.A. SCHILPP (a cura di), *Albert Einstein, scienziato e filosofo*, Torino 1958

SONCINI U. - MUNARI T., *La totalità e il frammento. Neoparmenidismo e relatività einsteiniana*, Padova 1996

STOBEO, in *Frammenti dei presocratici*, Padova 1958

TARONI P., *Bergson, Einstein e il tempo. La filosofia della durata bergsoniana nel dibattito sulla teoria della relatività*, Urbino 1998

TARONI P., *Introduzione*, in H. BERGSON, *Durata e simultaneità*, a cura di P. Taroni, Bologna 1997

TELESIO B., *De rerum natura*, I, c. XXIX, Roma 1980

TINAZZI M., *Francesco Zantedeschi: manoscritti e lettere veronesi*, in P. TUCCI (a cura di), "Atti del XVIII Congresso nazionale di storia della fisica e dell'astronomia", Como, 15-16 maggio 1998, Milano 1999

TIPLER F.J., *La fisica dell'immortalità*, Milano 1997

THOM R., *Stabilità e morfogenesi*, Torino 1980

THOM R., in *Parabole e catastrofi - Intervista su Matematica Scienza Filosofia*, a cura di G. GIORELLO e S. MARINI, Milano 1980

TKACZYK W. (a cura di), *The Structure of Space and Time*, Lodz 1996

TODESCHINI M., *La teoria delle apparenze*, Bergamo 1949

TODESCHINI M., *Psicobiofisica*, Torino 1978

TONIETTI T.M., *Verso la matematica nelle scienze: armonia e matematica nei modelli del cosmo tra Seicento e Settecento*, in M. MAMONE CAPRIA (a cura di), *La costruzione dell'immagine scientifica del mondo*, Napoli 1999

TORALDO DI FRANCIA G. (a cura di), *L'infinito nella scienza*, Roma 1987

TUCCI P. (a cura di), *Atti del XVIII Congresso nazionale di storia della fisica e dell'astronomia*, Milano 1999

TURETZKY P., *Time*, London – New York 1998

TYAPKIN A.A., *Relatività speciale*, Milano 1993

YOURGRAU P., *Un mondo senza tempo. L'eredità dimenticata di Gödel e Einstein*, Milano 2006

WALTER S., *Minkowski, Mathematicians and the Mathematical Theory of Relativity*, in H. GOENNER ET AL. (a cura di), *The Expanding Worlds of General Relativity*, Birkhäuser 1999

WANG L.J., *Symmetrical Experiments to Test Clock Paradox*, «Physics and Modern Topics in Mechanical and Electrical Engineering», July 1999

WEYL H., *Space-Time-Matter*, Dover 1922

WEYL H., *Filosofia della matematica e delle scienze naturali*, Torino 1967

WHITTAKER E., *A History of the Theories of Aether and Electricity*, New York 1989

WIENER P.P. - NOLAND A. (a cura di), *Le radici del pensiero scientifico*, Milano 1971

WIGNER E., *L'irragionevole efficacia della matematica nelle scienze naturali*, Milano 2017

WILL C., *Was Einstein Right?*, New York 1986, (versione italiana, *Einstein aveva ragione?*, Torino 1989)

WOOD A., *La filosofia di Russell. Uno studio sulla sua evoluzione*, in B. RUSSELL, *La mia filosofia*, Roma 1995

ZELLINI P., *Breve storia dell'infinito*, Milano 1985

Youcanprint
Finito di stampare nel mese di aprile 2020